Black Hole survival guide

黑洞旅行指南

[美] 珍娜·莱文（Janna Levin）/ 著
刘明轩 / 译

关于作者

珍娜· 莱文（Janna Levin）

知名天体物理学家，哥伦比亚大学巴纳德学院物理学和天文学教授，同时也是布鲁克林艺术与科学中心“先锋工厂”（Pioneer Works）的科学总监，致力于跨领域的实验、教育与创新。她是古根海姆基金会研究员，目前居住在纽约。

她的代表作：

《宇宙斑点从哪里来》（广受好评的科普书）

《图灵机器的狂人梦》（美国笔会最佳新人小说奖）

《引力波》（入选2016年《华尔街日报》年度书单）

关于译者

刘明轩，美国埃默里大学天体物理专业，青年天文教师连线翻译组成员，现从事于瑞利-泰勒不稳定性及星周盘等方向的研究。

关于插画师

利亚·哈洛伦是一位画家、摄影师和艺术家，经常从天文学和历史中汲取创作灵感。对科学的热爱始于她15岁时在旧金山探索博物馆的解剖牛眼和激光演示的工作，那也是她的第一份工作。她的作品曾在洛杉矶路易斯·德·耶稣画廊展出。她还是查普曼大学的副教授，目前居住在洛杉矶。

黑洞的诗与远方

编辑邀请我为这本书写一篇导读，因为他觉得对一般的读者来说，该书不是很好理解。我经常收到为各种科普类的图书写推荐语或者序的邀请，我最终答应的很少，主要原因是我只有读了书，或者至少也需要浏览一遍之后，才能够决定是否写。但是我工作太忙，很难找出时间读这一类的书。

然而我立刻就同意读一下这本书，因为我非常喜欢作者的另一本书《引力波》，而且还为它写了推荐语：直接探测到引力波被我称为2016年最美的科学事件，不出意外今年将获得诺贝尔物理学奖。我也曾经“嘲笑”他们这么多年来能够“自娱自乐”地坚持下来。这本书讲的正是这些传奇故事！

有趣的是，“直接探测到引力波”果然使参与“激光干涉引力波天文台”（LIGO）项目的三名关键的科学家在2017年获得了诺贝尔物理学奖！

我以前写过一些关于黑洞的科普文章，它们集中收录在我自己的科普书《极简天文课》中的“极简黑洞”一章里，里面讲的内容和这本书差不多，但是更加简略，只有大约7000字。这本书作者的文笔和对科学的解读能力都比我强很多，如果读者读不懂这本书长达4万多字对黑洞的讲解的话，大概率也读不懂我用了7000字对黑洞的讲解。所以我决定不用我以前写的科普文章作为这本书的导读。

打开这本书后，我就被震撼了！“没缺陷、不常见”，这就是我的瞬间反应。听说过我的美学理论的朋友都知道，我认为我们大脑的审美过程就是做两个判断：一个是价值的判断，如果符合审美者的价值观，那就是“没缺陷”；另一个是见识的判断，如果审美对象对于审美者是“不常见”的，那么审美者就会得到“美”的结论。按照我的审美理论，没缺陷、不常见 = 美，没缺陷、很常见 = 俗，有缺陷、不常见 = 丑，有缺陷、极端不常见 = 极丑，完全没缺陷、极端不常见 = 极美。根据这一点，可以得到基于贝叶斯定理的大脑审美公式，也就可以对每一个审美对象做出“美度或者丑度”的计算。

这本书对我来说大概是“美”或者“极美”的，美度可能在90%～95%之间。之所以没有打满分，是因为我们对引力和黑洞的理解还不是非常完善，所以这本书对黑洞的部分讲解不一定完全正确，而且有些理论猜测和我的黑洞理论也有所不同，“没缺陷”的打分上要留一点点余地，这也是为什么我的主要工作是通过研制更加先进的X射线望远镜来观测太空和研究黑洞的原因。

首先说说这本书哪里不常见。这本书和我们平时见到的科普书的写法很不同，因为这根本就是一部史诗，是关于黑洞的诗与远方。我真的没有想过科普书竟然可以这样写！既然是诗，那我就从诗的审美角度简要评论一下。我认为，诗就是虚拟现实（VR）的语言表达。虚拟的目的是产生意境，表达的主题来源于现实。诗之“美”就体现在我们能在不寻常的意境中忘却现实的缺憾，从而品味现实的“没缺陷”。

这本书的主题是黑洞，并不是凭空想象的黑洞，而是真实宇宙中的黑洞，或者说是科学家现实理解中的宇宙中的黑洞。通常我们写关于黑洞的科普书，无非是用尽可能通俗的语言介绍黑洞的性质，也就是基于我们理解的引力理论，黑洞应该有哪些特征。更多时候我们还会介绍用各种各样的天文望远镜对黑洞的观测结果，包括展示大家都很熟悉的黑洞照片。有时候我们也会畅想一下如果我们真的离黑洞很近会看到什么，如果进行一次黑洞旅行会发生什么。我们不会用诗的形式去描述，而是会用尽可能直白的语言。

我们这么做的目的也是很直白的。我曾经在多个场合表达过，科普工作本质上就是一种“通信”，有发送方，有接收方，而通信的效果只能以接收方接收到的有效信息量来评估。发送的信息再多、再深刻、再精确，如果接收方没有收到，那通信就是失败的，科普就没有效果。因此，我们写科普文章或者专著时，会尽量用读者最容易理解和接受的语言，这样的语言就不太可能是诗。我曾经和一位著名的诗人交流过，我说您的这首诗里面的某某地方很显然是不符合逻辑的，是不是应该改成这样更好一些？他回答我说，诗是不注重逻辑的，而且有时候还会故意违反逻辑，故意反过来。科普很显然是必须要讲逻辑的，不但要逻辑正确，而且要尽可能清晰直白，避免任何可能产生的误解，所以我以前很少见到用诗做科普的，我自己也尝试过（文末是一个例子），但是很不成功，很多朋友都说看不懂，我后来就很少这样做了。

这本书的主要内容都是虚拟的，从书名《黑洞旅行指南》就能够看出来，这里的“生存”不是黑洞的生存，而是去黑洞的旅行者的生存，更合适的书名可能是《黑洞旅行攻略》，这样也许会更加吸引读者。到黑洞旅行并不是多新鲜的主题，在关于黑洞的很多文章和书里都有各种各样的描述，我自己写过文章而且也做过很多次科普报告，电影《星际穿越》的主题其实就是到黑洞里面获取量子信息验证科学理论。但是整本书营造出来的意境都是围绕黑洞旅行展开的，这就不太常见了。

既然是对意境的描写，既然是诗，用的语言就不能是我们平常的大白话。我认为，要产生意境，描述意境，诗人就得处于“激发态”，平常心是没法写诗的。比如，李白饮了酒才能作诗其实是很科学的，适当的饮酒之后就可能具有那种尼采所发现的“酒神精神”，就有可能写出好诗了。当然并不是只能靠饮酒才能进入激发态，有很多种情形都会让我们兴奋、激动，诗兴大发。爱也是一种激发源，恋爱中的人就常常诗兴大发。

这本书的作者一定非常爱黑洞，所以在写黑洞的时候，才情不自禁地具有了酒神精神，吟出来黑洞的诗与远方，这个远方就是去黑洞旅行的浪漫。

由于是虚拟的，这本书中黑洞所具有的诗情画意就远远超越了现实中我们所知道的黑洞。由于是在意境中，作者就可以让很多现实中发生不了的事情在诗里发生，让去黑洞旅行的你看到、经历我们的天文望远镜所无法窥视到的精彩。然而，作者毕竟不是在虚构，甚至都不是在以一种科幻的方式描述，这里的诗并不是不讲逻辑，而是根据我们已经知道的黑洞知识和我们已经理解的科学规律，做了一些很合理的发挥，既不失科学的严谨，又具有诗意的浪漫，是真的没缺陷！

一开始读这本书的时候，真的不觉得是在读一本科普读物，你会有一种懵懂和飘然的感觉，有一瞬间好像有点不食人间烟火了，好像并不是处于这个地球上。这种感觉，不就是读到一首好诗的第一次感动吗？尽管这种感动不一定能帮助我们理解作者谈论的主题，但是会让我们难以忘怀，会“勾引”着我们再读一遍，再读一遍，就像醇酒对品酒者的吸引一样，直到我们真的品到了真谛，回味无穷。我终于理解了编辑为什么觉得这本书不太好懂，因为这不是一本常见的科普书，这是关于黑洞的史诗，值得我们多读几遍，细品黑洞的完美，细品黑洞的虚无，细品黑洞的波澜壮阔，细品黑洞的惊心动魄，这就是黑洞的诗与远方。

也许有一天，你真的要出发奔向黑洞，恭喜你，你已经做好了准备，虚拟的现实就要变成客观的存在了！当然，我还是要悄悄地提醒你，带上这本书吧，万一你一激动就忘记了攻略的一些细节呢？

张双南

2022年2月14日于清华园

附

我们相约雪上飘舞　就如太空一起漫步

两千多年前，亚里士多德说

信不信瘦人比胖人下落慢

那时胖是没缺陷不常见

胖人当然不接受挑战

四百多年前，伽利略说
瘦人和胖人下落一样惨
那时瘦人胖人已等权
还是没人愿意做实验

一百多年前，爱因斯坦说
那我们就来做个假想实验
胖人一直站着有点难
这就等同于杨利伟站在加速的火箭
因为引力质量和惯性质量无法分辨

爱因斯坦接着说
让我们再做个假想实验
假如电梯坏了你想体验
那就如杨利伟在太空漫步很浪漫
这又是因为引力就是弯曲的空间

因为爱老师的假想实验

广义相对论被发现

爱老师说，胖人的质量大

胖人周围有更弯曲的空间

所以胖人的生活更艰难

你和我

从亚里士多德时代就开始相约

我们想一起自由落体逃离尘世

我们一起穿越，只留下你情我爱

但是你美丽的眼睛有一丝忧郁

你说如果我下落得慢你要带着我

我说如果我拉你我们会融为一体

我们会下落得更急

但是你和我

我们的合力抵消怎么会变快

只能是我们的爱情产生能量

让亚里士多德心花怒放
让伽利略看得目瞪口呆

爱因斯坦老师最浪漫
同学啊，你是她的爱情
你的物质转化成了她的能量
你就是她的核电站

于是我来到了南山南的南山
想象着你和我一起
如初冬的小雪
在微风中飘飘悠悠飞去

伽利略和爱因斯坦都没有错
我在雪上也如你身轻如烟
我们一起雪上飘舞
如杨利伟刘洋太空漫步的浪漫

（张双南，2016年1月发表于微信公众号“诗意的日子”）

CONTENTS 目录

第 一 章

起始

黑洞即虚无。

黑洞的特别之处在于它不包含任何物质。黑洞的内部空无一物。

我在学会质疑和思辨前就完全接纳了黑洞。当然，仅在概念层面接纳。黑洞简直是幻想的源泉，我毫不犹豫地就相信了它的存在。我不带任何偏见，把宇宙呈现给我的照单全收。我可以领略到黑洞存在的合理性，也时常被它诡谲怪诞的特性折服。或许你也如此。这一定不是你第一次听说黑洞——这朵空间曲率大到光也无法逃脱的太空奇葩。

我不清楚你小时候如何，但在我儿时的卧室里，观星条件实在不尽如人意。我常常小心翼翼地爬到床尾，把头探向窗外的天空。在那里可以看到楼下的绿茵庭院，相邻的院落通过灌木丛划分边界，最后被圆形的大气层“帽子”一把罩住。傍晚时，地面会首先暗下去，接着是树木，而暮光则要持续照亮天空很长一段时间。这片天空虽然不似城市那般流光溢彩，但刺眼的光污染仍使我眼中的星光黯然失色。我看到的只是几块模糊的亮斑，就像挂在汽车挡风玻璃上的雨滴一样。我从未指望这种景象能有所改善。

我不记得这种感觉从何时开始拉扯我，但在意识到这种渴望之前，我已经迫切地想要了解地球之外的一切，我就像条在门口不停踱步的狗，我想要摆脱平凡世界的束缚，想要飞翔，想要探索。我将沉重的步伐踏在大地上，徘徊在天地相接处，焦躁地期盼着投身于星辰大海。或许许多人和我有着同样的渴望，千年又千年，一代又一代，一人又一人生活在地球表面，却对天空充满了遐想，拒绝承认自己的渺小，尝试打破人类自身的局限性。

儿时的我从未幻想自己有一天会成为科学家。如果你对我说，我以后将成为一名物理学家，我一定会大发脾气。物理学家无非是一群只会背诵公式和制造炸弹的人，毫无创造力，还十分偏执。我不确定这种陈词滥调是从别人那儿听来的，还是这种刻板印象只是我自己的发明创造。但这种肤浅的理解与现实折射的深远含义恰恰相反。创造力往往是约束与限制的产物，宇宙所设定的基本极限便是科学创造的源泉。

极限总能引发科学革命。光速的极限预示着相对论革命。当爱因斯坦幻想自己骑在光束上旅行时，他发现时间会保持静止，因而他抛弃了绝对的时空，转而拥抱绝对的光速。这种绝对性上的让步迫使我们把宇宙重构成一个非恒定的、有生命的进程。它起源于宇宙大爆炸，裹挟着创世的能量不断膨胀，并为黑洞这类极端天体提供栖息之地。

与此同时，海森堡不确定性原理[1]所设定的极限引

1　在量子力学中，不确定性原理（Uncertainty Principle，又名测不准原理）表明，粒子的位置与动量不可被同时确定，位置的不确定性越小，则动量的不确定性越大。沃纳·海森堡于1927年发表论文《运动学与力学关系的量子理论重新诠释》给出这个原理的原本启发式论述，希望能够成功地定性分析与表述简单量子实验的物理性质。——译者注

发了量子革命。这个原理断言，我们以为自己已经了如指掌的粒子并不存在。我们被迫重新构想现实的基本性质。现实从此蜕变成了一团无法确定的粒子概率云，粒子不再处于或不处于某个特定位置，这种确定性上的妥协给我们带来了微观世界上更深层次的启示。我们以近乎颠覆性的方式改写了现实。随后，我们又在最精确的物理学范式下发现了夸克、光子、中微子、凝聚态物质、中子星、希格斯玻色子、超导体和量子计算机。

同样，数理逻辑中难以逾越的极限引发了计算机革命。哥德尔的不完备定理证明，一个理论体系中总是存在无法被证实的数学命题。艾伦·图灵针对这个极限提出了人工智能和生物机器[1]的概念。图灵证明，大多数有关数字的事实并不可知：无理数有无数个，且无理数的不可预测位数也有无数个。有了这种想法后，他设想终有一天机器能够思考，并悟出人类本身就是会思考的

1 作者实际上指的是“图灵机”。图灵机将人们使用纸笔做数学运算的过程进行抽象，由一个虚拟的机器替代人类进行数学计算。现代计算机就是对这种图灵机的模拟，而每一个会决策、会思考的人都可以被抽象地看成一台图灵机。——译者注

机器。

物理定律和数学精度所施加的严格限制并不会妨碍创造力的迸发，它甚至可以说是创造力的摇篮。极限更是值得尊敬的对手，能激励我们展现出自己最优秀、最创新、最敏锐的一面。在此之前，我无法理解想象碰撞真理时带来的震撼，直到我被极限优雅而超然的存在所折服。

在尚未踏上科研道路的学生时期，我怀念那种跃入窗外蓝色午夜的渴望，我想念那种离开地球的热切愿望。可无论身处何地，我都置身于同一苍穹之下。我行走在蔚蓝天穹之下，从略微不同的视角观察世界；我想要无限接近眼前湛蓝的天空，但无奈屈服于现实（人类实际上从未涉足比月球更远的地方）；我将视线转向了书本，跟随数学走到我们无法亲自到达的地方。数学本身无法向我们告知宇宙的一切细节，它只能帮我们推测天体可能的存在形式，但这足以让我们在发现任何物理表征前就可以探索其背后蕴藏的巨大潜力。

黑洞就是如此，一个活在草稿纸上的纯数学概念。几十年来，黑洞都是只在数学上成立的空中楼阁，物理意义从未被证实。即便是20世纪最伟大的物理学家也拒绝承认，甚至公开否定和诋毁黑洞理论，直到人类发现银河系中黑洞存在的切实证据。我们在距地球仅数千光年的地方发现了黑洞。光年指的是光在一年时间内传播的长度，约为10万亿千米，你要在高速公路上开一千万年的车才能行驶同样的距离。从太阳系出发，向天鹅座X-1所在的双星系统前进，你就能找到它。地球的四方上下遍布着黑洞。无数恒星的微光点亮了宇宙虚空，而无数不可见的黑洞则幽灵般地藏匿于恒星间隙。我们正绕着银河系中心的一个黑洞旋转。与此同时，我们也正向仙女座大星系中心的另一个黑洞缓慢靠拢。

我想拨开亿万光年的星际迷雾，与你共赏黑洞奇妙绝伦的特质。这或许会改变你对于黑洞的认知，使你更接近黑洞隐秘的属性。我们将走上一条鲜有人走的路，通过一系列简单观察来获得对这类物体最符合直觉的认知。尽管黑洞并不是物体，至少不是常规意义上的物体。

一位纽约的朋友约我一起讨论这本《黑洞旅行指南》的要点。这位小有成就的科普作家问我：“我不是已经知道关于黑洞的一切了吗？”

“那你知道黑洞本质上是无物吗？”

他目不转睛地看着我，沉思了许久。他把咸花生丢进嘴里边嚼边说：“现在我明白了，我对黑洞一无所知。”意识到这点后，我们微微一怔，随后吃完剩下的零食，喝着酒，聊起了更熟悉的事情。

第 二 章

空间

黑 洞 旅 行 指 南

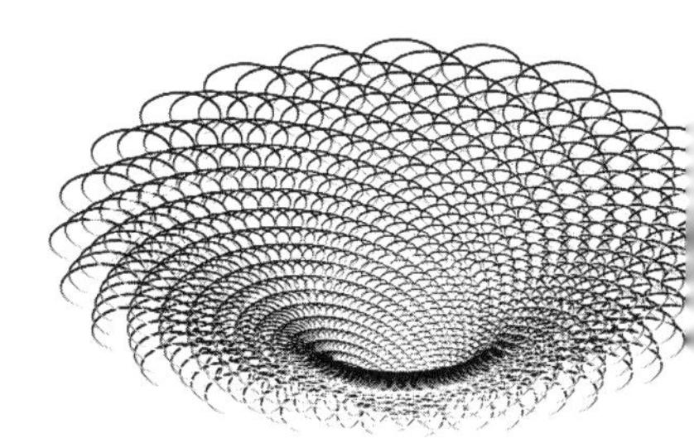

失重与自由落体

黑洞总被诽谤为饕餮巨兽。这不公平，实际上，它们经常表现得很友善，并且它们的体积也很小巧。然而，在黑洞之旅开始之前，你应该做足思想准备，悉知可能的危险。坦白讲，旅途中的安全事故十分罕见，但若不小心遇到的话，任何人都无力招架，就像地球上蛮荒的大自然一样，黑洞需要旅行者认真地阅读这份安全指南。毕竟，你将闯入它们的地盘。

黑洞是时空的可塑性、怪异扭曲和极端不稳定性的附加产品。说实话，科学家现在不如以往那样憎恶它们了。无论从现实还是理论上讲，黑洞都是宇宙对人类的馈赠，它们会现迹于可观测宇宙中最远也最古老的地方。它们维持着星系，定居在风车状星系和其他恒星岛屿的中心。同时，它们也是人类探索知识边界的天然实验室。黑洞简直是人类开展思想实验，追问宇宙奥秘的绝佳场所。

在寻找黑洞时，你并不是在找一个实打实的黑色球体。黑洞可以伪装成一个物体，但它本质上是一个区域，时间与空间中的一个区域。确切地说，黑洞是一种特殊的时空。

想象一个空无一物的宇宙。你从未见过或经历过这样的原初之地，一个无处不在的浩瀚虚无——广袤而空旷。这种三维空间到处都是平坦的。

平坦空间的意义在于，一旦你身处其中，便能够沿着直线飘浮。我们通常将自由的、不受阻力的运动称为自由落体运动，而这里所说的“落体”并不需要你真的坠落。只要你没有乘坐火箭旅行，受到拉力或推力的影响（当你只受重力作用时），你就处于自由落体运动当中。把身体完全交给空间支配吧。如果这种自由运动可

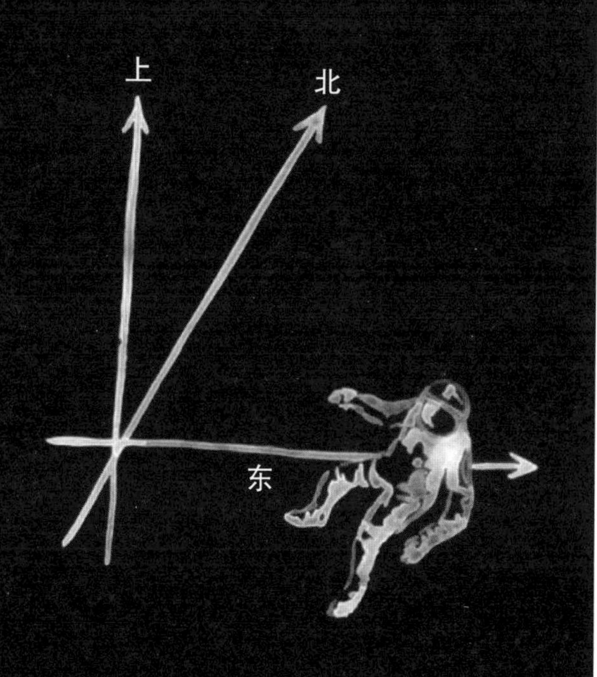
上
北
东

以被直线描绘，并且平行线永不相交，那么空间的几何形状就是平坦的。

当你阅读本指南时，你正处于自由落体的可能性非常小。当然，你身处平坦空间的概率也微乎其微，因为我们的银河系根本就不存在这样的地方。坐在椅子上，你没有进行自由落体运动，椅子顶着你，使你无法继续向地面坠落。站在地板上，你也没有进行自由落体运动，地板支撑着你的脚，使你无法直接掉到街面。躺在床上，我们感到很沉重，我们以为这是重力在把我们向下拉扯。但我们都错了，大错特错。你感受到的不是重力，而是床垫上的原子对你身体中的原子施加的支持力。只要你身下没有床、地板和更低的楼层，你就会坠落，并将毫无干扰地体验重力的作用。只有与重力抗衡时，你才会感受到重力。重力的受力感往往通过你的惯性、受到的阻力和身体的重量传达。假如你彻底屈服于重力，受力感便会消失。

自由落体的经典场景就是电梯。假设你站在一栋公寓楼的高层电梯里，你会感觉到一股施加在脚底的支持力。这种电梯对脚的作用力把你困在舱室内，它是物质之间的一种力。现在，如果你想要体验纯粹的重力，没有物质间相互作用的干扰，你就必须想办法摆脱电梯。所以你找了个人来砍断电梯的线缆。电梯坠落，你也跟着掉下去。在这个过程中，由于你和地板同步下落，你会飘浮在电梯里。你不会摔在地上，因为地板也在向下坠，你可以用力推墙并完成几个高难度空翻。你似乎失重了，宛若空间站中的宇航员。你可以把水从水瓶里倒出来，然后像宇航员一样喝空中的水球。你可以扔下一支笔、一部手机、一块石头，这些东西同样会飘起来。爱因斯坦将这一极其简单的观察称为他一生中最愉快的思考——我们在下落时体验到失重。

坏消息是，你身体的原子会与地球表面的原子发生相互作用。当你摔在地上时，这种相互作用恐怕不会带来什么愉快的结局。但这并不是重力的错。你之所以会摔得粉身碎骨是因为其他力的介入，例如原子间的作用力。（但如果你是由暗物质组成的话，你会直直地穿过地壳，并且一路向下运动。）

在地球“插足”前，上述电梯实验无法持续太久，所以不妨假设你正飘浮在一个离地球，甚至离银河系都非常远的地方，这是一片只有你和太空服的虚空。如果你分别向空间的三个方向发射示踪器，你扔出去的东西将会做自由落体运动。每一个示踪器都留下了会自己发光的尾迹，这对于显示移动路径很有帮助。很快，一张由直线构成的网格呈现在你眼前，你马上就明白了，这里的空间是平坦的，因为自由落体的物体沿直线运动。同时，这里的空间也是“空的”，除了你、你的太空服和那几个用明亮尾迹描绘网格的示踪器。可引力实在太弱了，上述物体对平坦空间的影响微乎其微。

宇宙可不是空的。众所周知，我们在地球上。地球依偎着太阳，而太阳又绕着银河系中心旋转。银河系与毗邻的仙女座大星系相近，两个星系共同寄居在室女超星系团。室女超星系团饱受其他超星系团和可观测宇宙全部能量的影响。所以，我们并不是生活在一个平坦、空荡的时空内。

宇航员也并不是在空荡的空间中飘浮，他们可以看到地球自转和日出日落。他们正绕着一条我们俗称轨道的路径失重般坠落。这是一条宇航员绕着地球，地球绕着太阳，太阳又绕着银河系，以冰河时期为计量单位的

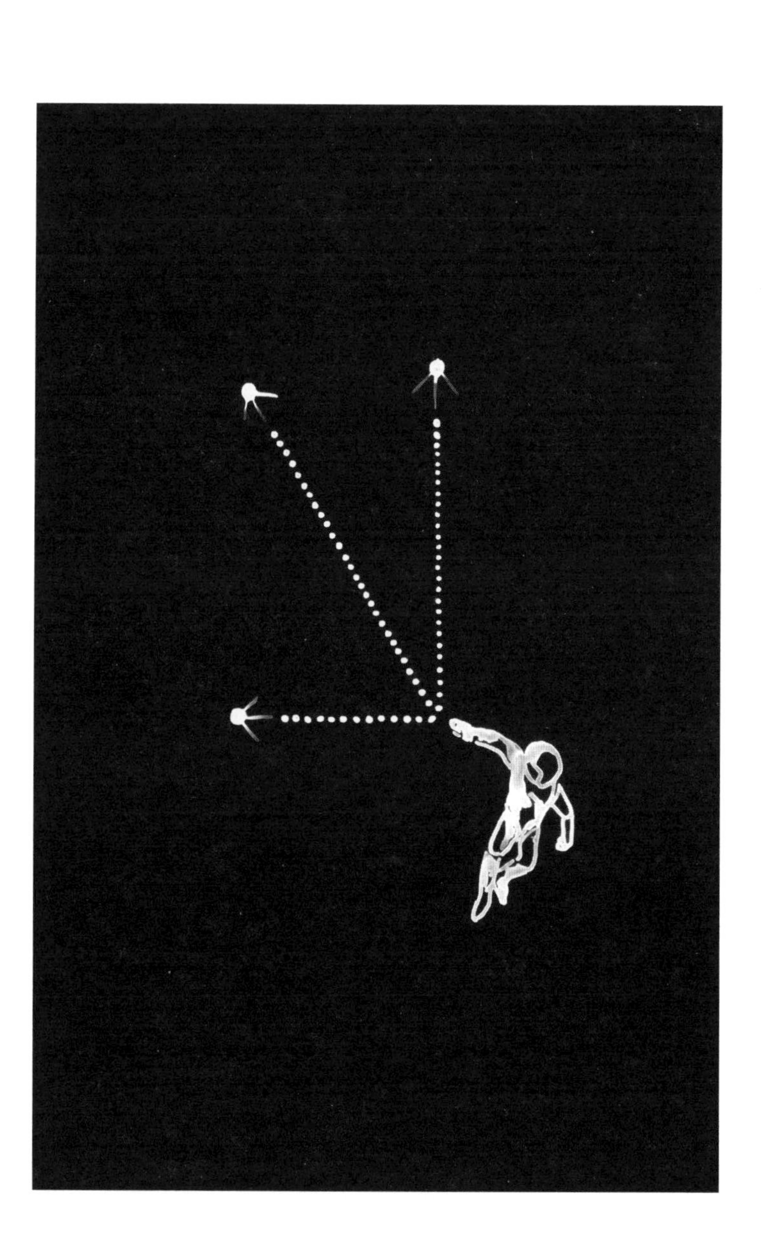

漫长轨道。其路径不是直的。这条路径被弯曲成围绕地球的一个圆，宇航员的小圆嵌套在地球围绕太阳的大圆当中，地球的大圆又嵌套在太阳围绕银河系中心的一个更大的圆里。因为“非空的”空间会弯曲自由落体路径。因为物质与能量的存在会扭曲空间。

弯曲的空间

你只要在沙发上扔东西就可以证明你生活在弯曲的而非平坦的空间中。随便扔个什么吧，然后观察它的下落轨迹，它不会沿直线运动，它的路径描绘了空间中的一条曲线、一条弧。我们扔的所有物体都会遵循指向地球的曲线。我们可以进行一次环球旅行，但我们在旅途中每个地点上扔的东西会无一例外地向地球靠拢。记录实验结果，然后为这些曲线绘制一张三维网格，我们就得到了一张描绘地球周围空间形状的示意图。这张图告诉我们：地球扭曲了空间的形状，而你可以通过记录自由落体路径来模拟这个形状。

自由落体依赖于你扔东西的速度。向地面扔一把扳

手，它会直线向下。向房间另一端扔扳手，它会沿着弧线下降。即便你把扳手换成汽车，只要它们有相同的速度和方向，就会遵循同一条弧线。把扳手扔得再快一点，弧线就会变得更长。只要你扔得足够快，它就会擦着地平线飞行直至进入绕地轨道。再快一点，它就会永远脱离地球的束缚直到被其他天体捕获，比如木星或者太阳，然后在新的轨道上继续翻滚下去。

行星绕着太阳转，没有任何引擎推着它们。它们沿椭圆曲线运行，不断掠过太阳却不会与之相撞。地球正围绕着太阳进行自由落体运动。与此同时，月球也正围绕着地球进行自由落体运动。

我们发射了很多人造物体到轨道上进行自由落体运动。一旦航天器到达预定位置，发动机熄灭，它们就将在太阳或地球轨道上永远坠落，而后者更常见一点。一些太空任务专家反对在航天器中加入推进器的设计，因为万一任务预算下降，宇航局就很可能操控卫星脱离轨道，进入大气层烧毁。报废的卫星只能永远地留在太空，在太阳系的有生之年都会是轨道上幽灵般的垃圾。

国际空间站围绕地球转。宇航员之所以在空间站中

能够飘浮起来，是因为他们就像故障电梯里的乘客一样与空间站保持同步运动，而不是因为不受地球重力的影响。空间站离地面只有几百公里，仍处于地球的掌控范围之内。描绘空间形状的曲线同样可以描绘重力的作用，国际空间站就是沿着其中一条不断坠落的圆形轨道运动。宇航员和空间站每90分钟就会以2.8万千米/小时的速度环绕地球一周，从阳光下逃到地球背阴面，又溜出来继续接受太阳的辐射。因为移动得足够快，他们能够不断地掠过地球的大气层而不会撞向地面。

爱因斯坦出现前，人们通常认为引力是一个物体作用在另一个物体上的力，这种力离奇地不需要相互接触。爱因斯坦出现后，一切都变了，引力变成了弯曲的时空。可地球如何在不接触的情况下牵引月亮呢？它并没有。它完全没有牵引月亮，它不施加任何力。相反，地球弯曲了周围的空间，月亮在其中自由地运动。

黑洞是一个空间

只要离黑洞足够远，空间的曲线就会和太阳、月亮，或是地球周围的曲线相似。如果我们的太阳明天就被一个黑洞代替，我们的轨道丝毫不会改变。我们围绕黑洞旋转的曲线与我们围绕太阳的曲线几乎一模一样。当然，这种代替会给地球带来永恒的黄昏以及末日般的寒冷和黑暗。但至少我们的轨道不会改变。

地球到太阳的平均距离约为1.5亿千米，太阳的直径约为140万千米。相较之下，一个太阳同等质量的黑洞直径仅为6千米。尽管黑洞以吞噬一切物体著称，它的安全距离也要比太阳的安全距离短得多，但你只有在距离黑洞和太阳几百公里内的地方才会注意到它们周围空间的巨大差异。可还没等你到达这个位置，你就会被太阳熔为灰烬。

钻进太阳的等离子体内部，太阳对你施加的引力就会逐渐衰减。当你逼近中心时，会把一部分太阳质量排在身后，你面前的物质慢慢减少，太阳大气层内部的空间会变得越来越平缓。

相反，无论你离黑洞多近，引力都丝毫不会减少。空间的弯曲程度只会越来越剧烈。黑洞的特别之处在于你无法把任何物质排在身后，这就好像黑洞的质量永远都集中在你的正前方。你可以无限接近黑洞的中心，却仍然能感受到黑洞的全部质量在你面前。

切记与这些毫不起眼的黑洞保持安全距离。只有这样你才不会被扯成两半，也不会被无情地吞噬进去。黑洞并不像外界描绘的那样具有毁灭一切的力量。只要你别离它太近，只要你别跨越临界点，令人痛心的悲剧就不会发生。即便你冒失地闯进了危险地带，也就是几个黑洞直径的距离，你也可以建立一个空间站，关闭发动机，在一条周期仅数小时的稳定轨道上自由降落，并安然自得地欣赏黑洞奇观，直到补给用尽的那一天。

第 三 章

视界

黑 洞 旅 行 指 南

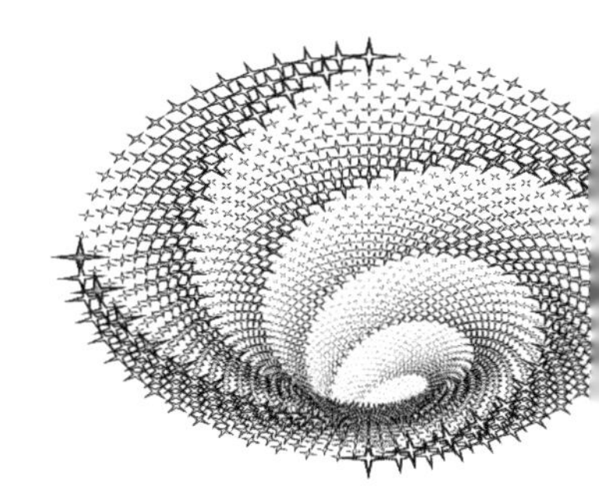

光也会坠落

你要做好随时遭遇黑洞的准备。隐藏在黑暗中的黑洞本身是不可见的。在厄运降临之前，你甚至无法意识到黑洞带来的威胁。你必须带上一个强光源才能把黑洞从背景中区分出来。在强光源的帮助下，黑洞看起来就像一个与周围格格不入的黑色圆盘，就像明亮世界中缺失的一角。

光也生活在空间中，也需要遵循某种路径。如果你坐在沙发上向前方打一束光，你不会觉察到光线落向地球。光束看起来是直的，但也不完全是直的。光固有的速度造就了相对笔直的路径。光只会以一个速度传播，即光速。作为宇宙中速度的上限，光的自由落体曲线要比低速物体的曲线更直。所以地球引力带给光路的弯曲要更小，更直，更难以察觉。

光路的弯曲第一次检验了广义相对论。1919年5月29日的日食让毕宿星团（也叫毕星团）的一小束光落入了亚瑟·爱丁顿的望远镜中。月球掩盖了太阳的光辉，毕星团的微弱星光得以显现。但在日食发生时，从地球的角度观察，太阳则完全遮挡了毕星团。如果光以直线传播，地球上的观察者就不可能看得到毕星团。毕星团向所有方向发射光线，朝向地球的光却无一不落入太阳。但如果光以相对论所预测的那样沿曲线传播，太阳就会像透镜一样弯曲光线，使它成功到达地球。

日全食只经过了地球的小部分区域，在黎明时分横贯巴西，随后跨越大西洋，在日落时分结束于非洲。观测时间内，上述任何地点看到的日全食都不会持续超过7分钟。第一次世界大战结束后6个月，爱丁顿爵士就带领远征队到达了非洲几内亚湾的普林西比岛。等他们熬过漫长的暴雨和乌云，日全食已经开始了。此时，本来应该位于太阳身后的星团出现在了他们的望远镜中。爱丁顿的观测有一定误差，但瑕不掩瑜，它仍然足以证明光不是沿直线穿过太阳，而是沿一条经过偏转后刚好到达非洲的曲线。

从普林西比岛归来的爱丁顿与远征巴西的同事一同公布了日食的成像底片，他们的分析结果立刻让爱因斯坦在西方世界名声大噪。爱丁顿成了一个传声筒，将这些超越了战争激起的政治仇恨与民族主义的伟大发现广而告之。爱因斯坦生于德国，而爱丁顿生于英国。爱因斯坦所在的德国在第一次世界大战时是英国的头号大敌，但爱丁顿并未因此就像其他英国人一样急于诋毁爱因斯坦的科学成果，他们摆脱了战争的阴影，而相聚在月球的阴影下。两位地球公民共同宣布人类最伟大的成就——相对论的到来。

爱丁顿测量出了太阳周围光线的轻微偏折，而黑洞周围却存在着一条弯曲如此剧烈，以至光都要沿圆形轨道运动的曲线。你可以利用喷气推进器飞到这条轨道并在上面逗留片刻。当然，你必须要开启喷气推进器的发

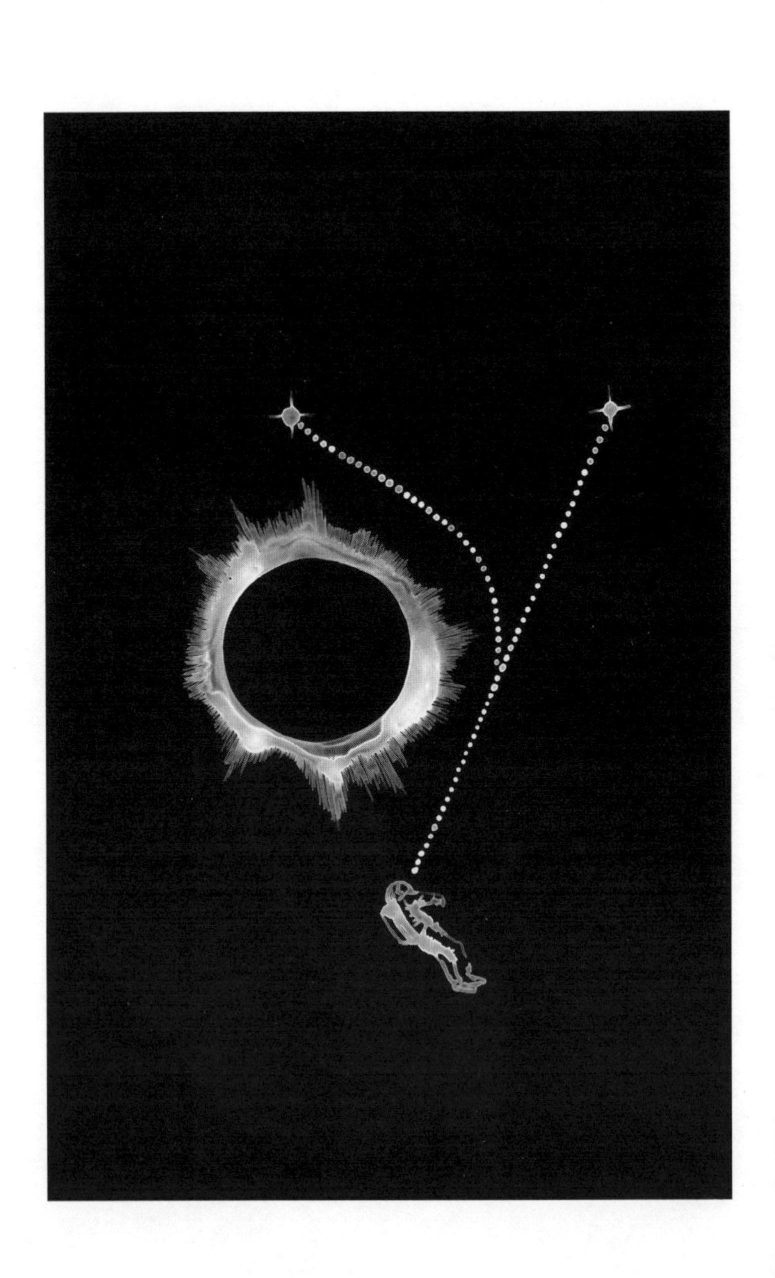

动机才能抵抗向黑洞坠落的趋势。一旦到达那里，你可以冲自己的脸发射一束光。你的脸会反射回部分光线（如果不能反射光，我们就变成隐形人了）。你面部的影像将绕着圆轨道运行一圈，然后到你的后脑勺。刹那之间，光会从你的脑后反射回来，按照原路返回，进入你的眼睛。也就是说，你可以看到自己的后脑勺。

当你离黑洞足够近的时候，空间弯曲会越来越剧烈，自由落体越来越快，你向黑洞坠落的趋势越来越难以阻挡了。你需要相当多的有效载荷燃料才能加速到足够的速度。一枚从卡纳维拉尔角发射的火箭需要达到每秒11千米的速度才能逃离地球；即便月球的质量比地球小得多，也至少需要每秒2.5千米的逃逸速度；而太阳的逃逸速度则超过了每秒600千米，这意味着，太阳内部的等离子体羽流需要同样的速度才能把炽热的恒星大气以电离风的形式吹入太阳系。

你离黑洞越近，飞船就要开得越快才能避免落入黑洞。你可以穿过黑洞周围的虚空，不断与之靠近，直到遇见一个无论多少喷气推进器都无法抵抗坠落趋势的

临界点。你的速度需要超越光速才能逃逸，即每秒30万千米，可没有任何东西能跑得比光还快，你再也无法逃脱黑洞了。解脱无望，你不可逆地坠向了黑洞。

在那个特殊的位置上，黑洞的逃逸速度超越了光速，因此，事件视界被定义为“光都无法逃脱的区域”。我没有给这个定义署名，因为每个人都说过一模一样的话。到目前为止，我们应该都说过“光都无法逃脱的区域”这句话。至少我在这份指南开篇的时候就说了。

事件视界上的光看着像盘旋在黑洞上方，它以固定的速度前行却始终无法逃离黑洞，就像条挣扎在难以逾越的空间水塘边缘的小鱼。推它一下，它就会输掉与黑洞的较量，扑通一声落入其中。

事件视界是黑洞阴影的范围，进入事件视界的任何物体都会中断它与外部的联系。从外界来看，黑洞是黑暗的。它是黑的，它是个黑色的洞。当你落入黑洞阴影时，你找不到物质实体上的边界。你将径直落入黑色虚空，过渡的瞬间没有任何异状发生，和走进一片树荫没什么两样。

黑洞的本质是事件视界。事件之间再无瓜葛，因果关系就此失效。视界内部的事件无法对外界施加影响，更无法向外部世界传递任何信息或能量。反过来却并非如此，外部事件可以被传递到内部，黑洞之外的世界可以影响黑洞之内的世界。从外看内，黑洞是不透明的；从内看外，世界是完全透明的。

如果有的选的话，我建议你落入一个尽可能大的黑洞。如果你远小于黑洞，你基本不会注意到视界是弯曲的，就像你感觉不到地球表面是弯曲的一样。如果你站在一个篮球上，你脚下篮球的曲率要比整个地球的曲率更加明显。黑洞越大，你越难感到弯曲，你的头和脚基本上能一起落入黑洞。如果这个黑洞实在太小，那么当你的双脚跨入黑洞时，头却还在外面，你会发现自己马上将被扯成两半。你身体中的结缔组织还在无谓地抵抗着双脚的背叛，最终韧带不堪重负，彻底撕裂，结果惨不忍睹。但要是穿越大型黑洞的事件视界，那就一点问题也没有了。

尽管你再也出不去了，但你在穿过阴影时却可以存活下来。一旦到达黑洞内部，你最终会烟消云散，这点我们暂且按下不表。

如果你坠向太阳中心，原则上讲，你还可以逃离引力的拉扯。即便如此，你也会被太阳核心的核熔炉烧成灰烬。这同样是个沉痛的结局。至少从理论上讲，你与黑洞中心的安全距离可以比太阳短上100万千米。

一个太阳质量的黑洞能够在一微秒内毁灭你，而万亿倍太阳质量的黑洞允许你把寿命最多延长一年。如果你还想留点时间回顾自己的一生，最好选个大点的黑洞。也许你并不想延长自己的死期，但请先想想你能否忍受对死亡的恐惧、无止境的焦虑和归途无望的悲凉前景再做决定吧。

如果你发现自己正在接近一个纯黑色阴影，尤其是当它仅在明亮背景光的衬托下才得以显现时，就一定要小心了。要不惜一切代价地避开它，保持安全距离。如果你靠它太近，你就需要全宇宙的能量才能逃逸，或许还不够。你很难判断这个阴影是小却离得近，还是大却离得远。如果你真的跨进了阴影，你就会成为第一个被时空肢解，并湮灭于臭名昭著的奇点上的人类。它是黑洞中心实打实的洞，是时空的缺口，不通向任何地方。

安心观察黑洞吧，但这也只会是独属于你的记忆了。你无法把你见到的任何事物传递到黑洞外的地球，你在死亡时的一切信息都会跟随你湮没在时空长河中。

第 四 章

虚无

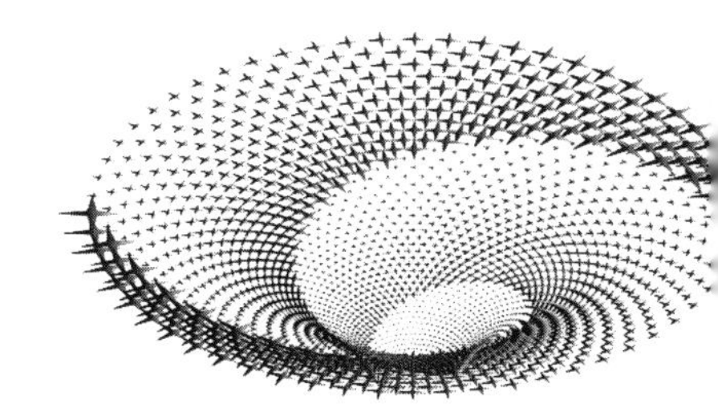

黑洞不是一个物体。黑洞是虚无。

赤裸的黑洞是完全空荡的时空。没有原子、光、弦，以及可见或不可见的各种形式的粒子。用物理学术语来讲，黑洞是真空的。

你或许听说过有关黑洞形成的过程，如下描述：把物质压缩到极大密度，黑洞就产生了。这是对的。压缩物质是产生黑洞的一种方式。大质量恒星晚年时在自身引力下坍缩，恒星物质被压缩到灾难般的密度，直至黑洞形成。然而，恒星坍缩并不是黑洞形成的唯一途径，高度压缩的物质总被错误地与黑洞画上等号。但高密物质不是黑洞的本质。黑洞不是物质。

事情是这样的：想象一个正在坍缩的恒星，炽热的物质球体导致时空弯曲。恒星受压力缩小，外部空间曲率增加。物质密度越大，恒星外空间曲线弯曲越剧烈。逃逸出恒星的等离子体喷流的速度也就越来越高，直至恒星的密度爬升到一个临界值，此时恒星的逃逸速度已经达到了光速。事件视界形成，任何东西，包括恒星自己发出的光，都再也无法逃逸了。

现在恒星继续坍缩，时空的形状上留下了事件视界永久的烙印。恒星崩溃了，坍缩一发不可收拾。形成事件视界的物质消失殆尽，只剩下空荡荡的空间和一个事件视界。

就效力而言，事件视界等同于黑洞。事件视界阻塞了黑洞内部到外部的通道。黑洞内部的任何信息都无法被传递到外部宇宙。事件视界禁止这种情况发生。除了形成事件视界时留下的时空印记，恒星原本的构成物质此时已经与黑洞毫无关系。

摆脱黑洞就是致密物质的印象吧。把黑洞理解为赤裸的事件视界、弯曲的空旷时空，或者一片虚空。我为这个概念着迷，从而踏上了成为天体物理学家的道路。

我试着揭露黑洞唬人外表下最纯粹、最本质的一面。一个绝佳的空间，一个空旷的场地，一个极端的、闲置的舞台，朴实无华。但当演员上场时，它就能上演一场精彩绝伦的宇宙戏剧。黑洞是空间中的一个区域，严守自己的秘密。这个区域也可以表现得像个物体，它是空的，却拥有质量。

我们谈论黑洞质量的时候却声称它不包含任何物质，这听起来就像个太空魔术。你一定会问，如果没有物质，黑洞怎么可能拥有质量？恒星原始的物质消失了，但质量的等效能量在黑洞中得以保留。恒星坍缩时，由真实物质组成的物体拥有常规意义的质量。质量落在空间中，留下压印。恒星消失后，凹陷的空间产生了和质量等效的引力。

如果我们发现了这样一种机制，可以让坍缩的物体在事件视界深处形成物质残骸，形成一种难以辨认的破碎物质的痕迹，我们就可以依照惯例，把黑洞质量与实际存在的物质联系起来。

但这种说法具有误导性，并回避了关键问题所在。黑洞不是恒星物质的残余，即便它里面包含了物质。事

件视界从外部掩盖了坠入物质的命运，所以我们无法得知黑洞内部的物质究竟是毁灭了，还是以残骸的形式留存，或是进入了另一个宇宙。

因此，我们可以声称黑洞有质量，即便所有进入其中的物质都已消失不见。黑洞表现得像个拥有质量的物体。黑洞自身可以像大质量物体一样沿着其他重物的弯曲轨道坠落。黑洞可以围绕恒星、星系和其他黑洞运动。黑洞也可以被拉或者被扯，而这样做的难度会随着惯性的增加——质量的增加——而增加。因此，尽管组成黑洞的原始物质在事件视界内不复存在，我们仍然可以用“质量”这个概念来描述黑洞。

1967年，大名鼎鼎的美国相对论学家约翰·阿奇博尔德·惠勒[1]在一次演讲中说：“（坍缩的恒星）像柴

1　约翰·阿奇博尔德·惠勒是美国最重要的理论物理学家之一。他常常超越人们所熟知的物理学极限，以富有先见之明的方式进行推理，从而启发后世的物理学家。他指导过的博士达50位之多，当下美国宇宙学和天体物理学的一线人物有相当一部分是惠勒的学生。同时，惠勒也是个起名专家，他明白一个简练的短语和概念的名字对公众会产生何种影响。他创造的概念有：历史求和、减速剂、仿星器、虫洞、黑洞、单个量子不能被克隆、万物源于比特、黑洞无毛定理。——译者注

郡猫[1]一样消失了，猫只留下了它的笑，而恒星只留下了它的引力。无论是光还是其他粒子，都不再出现于黑洞中。”在黑洞的数学描述出现50年后，惠勒通过这句话正式地把“黑洞”一词添进了物理学家的术语词典中。

所以务必记住：黑洞事件视界是空的。黑洞是无物。黑洞是虚无。

想象你是个独自飘荡在空间中的宇航员。目光所及，没有行星，没有飞船。没有遥远的恒星，更没有任何光源。剩下的只有惴惴不安、寂寥的空间、诡异的飘浮感和星辰大海中难以名状的黑暗。你想到了什么?

如果你穿越的是个大号黑洞的事件视界，旅程就会平平无奇。你感觉不到疼痛，你不会撞到任何物体的表面，甚至抛开阴森的黑暗，穿越事件视界的过程可以说是相当舒适。你会穿过沉重的阴影，你在事件视界内部看到的虚空和你从外部看到的虚空并无二致。你会忘记

---

1 柴郡猫是英国作家刘易斯·卡罗尔创作的童话《爱丽丝漫游奇境》中的虚拟角色，形象是一只咧着嘴笑的猫，这只猫拥有凭空出现或消失的能力，甚至在它消失以后，它的笑容还挂在半空中。——译者注

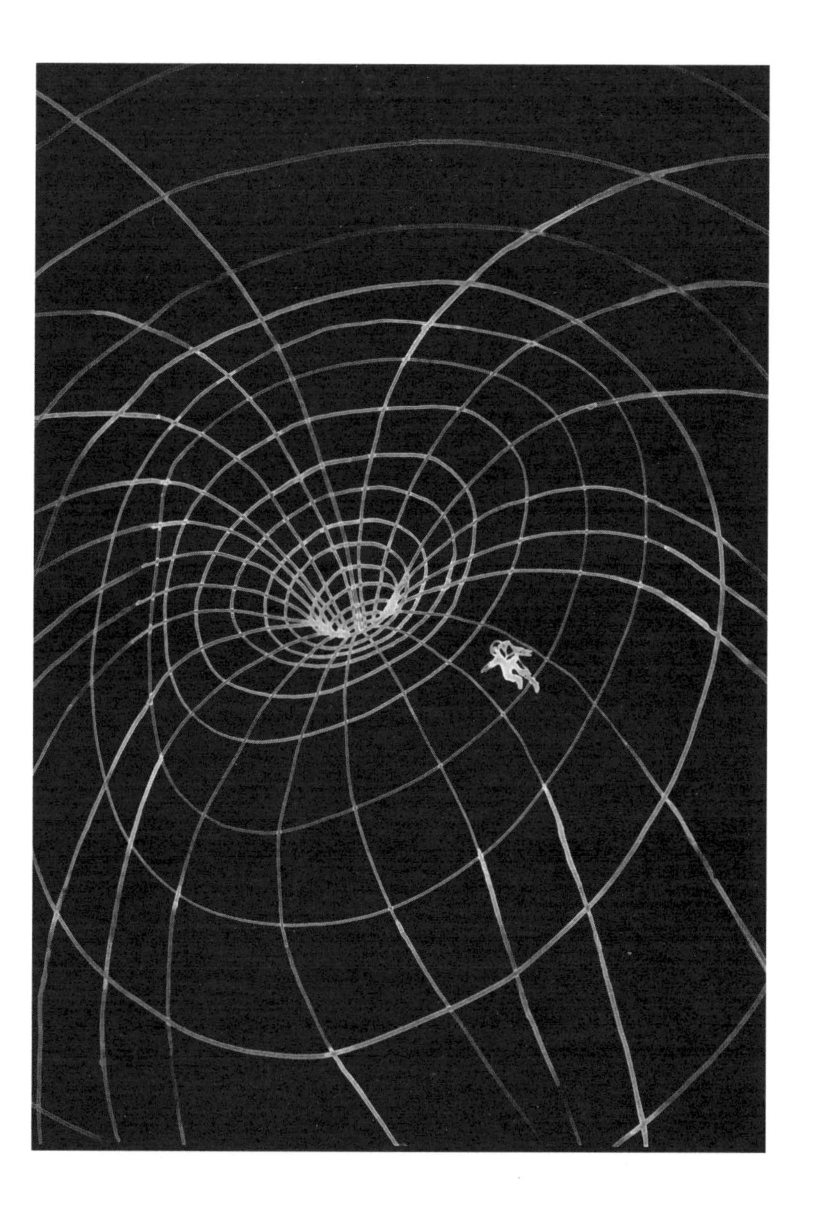

黑洞内部和外部的界限，如果不借助光线来描绘空间脉络，你将就此彻底失去航行时的方向感。你能够坠入黑洞并在穿越过程中幸存，也能马上明白你将面对的严峻形势。没有什么会比你面前的更糟了，千万当心事件视界。一旦跨过，迎接你的只有天罗地网般的虚空。

第五章

时间

黑 洞 旅 行 指 南

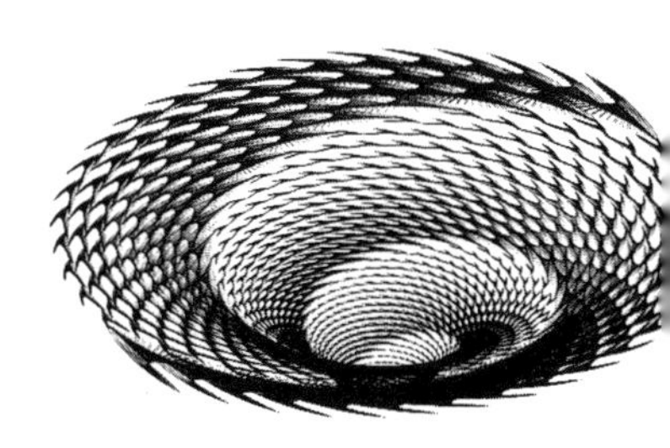

我有时会随口用弯曲的空间来代指弯曲的时空。的确，黑洞扭曲了周围的空间，例如事件视界极度扭曲的内部世界，但同样，黑洞也扭曲了时间。

设想下面这个思想实验。你正处于一个黑暗且密闭的电梯厢内，电梯的缆绳刚刚被砍断了。你不知道你身处何方，也不知道你是怎么到那里的，所以你决定先观察一下周围的世界。这个世界似乎与寻常并没有什么不同，你好像正在空荡的空间中飘浮，你随身携带的时钟也像往常一样转动。你怀疑你正在平坦的空间中自由下落。但如果你从电梯上开一个窗口，向外看到了一定距离外其他坠落电梯里的观察者，你就会发现你和其他

人正朝着一个中心会聚，从而意识到空间实际上是弯曲的，也许你们正在一个黑洞附近。你可能也注意到了，你的时钟与其他人的时钟并不同步。

相较之下，你对于空间和时间的测量与沿着不同曲线运动的其他观察者的测量结果不一致。为什么？因为空间和时间的尺度是相对的。

相对性原理

陈旧的相对性原理指导物理定律的构建。这一原理声称，如果自然没有必要的原因去区分观察者，那么自然定律对于所有自由运动的观察者一视同仁。这个简单的原理久经检验，并被证明行之有效。这一原理如同公路上的路标，为物理学家们指明了通向真理的正确方向。一旦它出现动摇，其后果将是灾难性的。所幸至今，相对性原理从未让物理学的架构师们失望。

举一个关于相对性原理最简单的例子。左是相对的。如果我们面对面，我的左就是你的右，可到底哪一边才是左？自然定律不可能依赖你规定为左的方向。就像左边原子比右边原子重一样，一条放之四海而皆准的自然定律是十分荒谬的。谁的左？谁又是那个有幸选到左边的天选之子？如果不存在只选择某个人的基本原则，那么自然也就不会偏好特定一个人的左而全然不顾其他人的左。

伽利略曾考虑过相对性，我们则可以借助太空旅行让思想实验变得一目了然。伽利略透过地球上物体的运动规律推导出了复杂的相对性原理，爱因斯坦则利用移动的火车探究同样极为复杂的时空相对性。而在太空，我们可以去掉更多地标，甚至去掉所有地标，这对我们而言极为有利。

设想你身处一个没有恒星，没有行星，更没有飞船的空荡宇宙。至于你怎么到那里的，并不重要。这个宇宙有且只有你。基于你的方向感，你会问，哪边是上？哪边又是右？可是没有任何物理原理能够帮你区分出特定方向，你对方向的判断总是飘忽不定。所有方向都可以由你自己随意选定。自然，你毫不关心哪个方向是上。

现在，尝试判断你是否在移动。同样的答案放在了不同的问题上，让人变得更加不安，因为这个答案几乎关系个人的终极存在。你如何才能确定你的运动状态？你是在缓慢飘移吗？还是在以光速运动？抱歉，无法得知。太空里没有空气吹拂你的皮肤，宇航服同时包裹了你和你生存所需的氧气。没有任何物理实验能帮你区分你究竟是静止还是运动。不是你无法找到这个答案，而是这个问题根本就没有答案。或者，更直接一点的说法是，这个问题毫无意义。绝对运动就像是“左”一样可以随意选定。

想象另一个叫爱丽丝的宇航员。让爱丽丝相对于你（我刚刚还是孤身一人的宇航员）倒挂着飘来，而你只能眼睁睁地看着她经过。假设她朝向你的背后，你对她来说也是倒挂着的，而且是倒退的。你们应该不难发现你们规定的上和左都是相反的。你们应该考虑一个更宽泛的概念，你们到底谁在运动？你可以说是她在运动，她也可以说是你在运动。没有物理定律会选择你们两个中的任何一个作为标准，没有人被偏爱。没有人在运动。没有人朝上。没有人朝左。

伽利略认识到运动是相对的。更准确地说，只要运

动是匀速的，并且遵循我们假想的空荡宇宙中的自由落体曲线，我们就无法确定绝对运动，因为根本就不存在绝对运动。如果你不是匀速运动，而是使用喷气推进器向前猛冲，那么你们两个宇航员会一致同意你是突然加速的那个人，并且猛冲是由喷气推进器的推力所带来的加速度造成的。然而，匀速运动，也就是在空荡的空间中沿直线进行自由落体的运动，就像“左”一样是相对的。你和爱丽丝一致同意你们是在相对运动，甚至可以说，你们两个的任何运动都与“绝对”一词毫不沾边。

光速

为了确定绝对运动，你和爱丽丝做了各种尝试，却都以失败告终。你们当然会失败，因为从所有证据来看，自然都遵守优雅简洁的相对性原理。如果没有一定原因去偏爱你而不是爱丽丝，那么自然就不会有所偏爱。没有任何人是特殊的。

遵循这一原理，物理定律——从最抽象的自然法则和我们发现的更具体的数学规律来看，对你和爱丽丝来说都是相同的形式。你说抛射物沿直线运动，她也说抛射物正沿直线运动。你观察到，对于每一个作用力，都有一个大小相等、方向相反的反作用力。她也发现了同样的规则。你在烧杯中测量化学键的强度和溶液的扩散速率，她的实验得出了一模一样的结果。你接受了左右的相对性，也接受了运动的相对性，只为与爱丽丝在构建物理定律的小部分事实上达成一致。

几个世纪以来，这幅图景在物理学家的脑海中维持着完美无瑕的形象。然而，从物理定律中衍生出来的直接推论要求我们接受一种更深刻的相对性。这个推论正是光速不变原理。

光是一种振荡的电磁波，也被称为电磁辐射。电磁辐射向前传播的速度是电磁学基本定律中的常数。光速是自然界的事实，永恒的、普遍的事实。这个速度用字母 c 表示，相当于每秒近30万千米。

既然运动是相对的，我们就有理由这样问：光速 c 是相对于什么或谁的？答案是：对于一切事物和每一个人，光速总是 c。

篮球的相对速度不是不可改变的事实。球员可以持球不动，也可以把球投向篮筐。同样，宇航员的相对速度也不是不可改变的事实。你可能会看到爱丽丝正缓慢飘浮，也可能目睹她快速经过，或许她根本没有在运动。你们可能会共同迷失在太空，永远并肩飘浮。但是光的速度是不可改变的，无论谁在观察，光对观察者而言总是以同样的、普适的速度飞驰而过。

现在你和爱丽丝已经掌握了一个无比迷人的概念。你测量了光速，她也测量了光速，你们得到了相同的数字，就是 c。你们仔细观察彼此的实验，却无法在任何一个物体的速度测量结果上达成一致。你在她经过的时候放开了手中的篮球，她说篮球正和你以同样快的速度远离她。你坚决不同意，你看到的篮球明明是静止不动的，它正乖巧地悬浮在你面前。

她把一堆原子丢进加速器里，说它们移动得很快。你却说，一些破碎的原子移动得更快，而另一些更慢，这取决于它们正靠近你还是远离你。她手里拿着一个灯泡，说它是静止的；你说不，它在运动，和她一起。你们都同意这些观察结果的差异是由相对运动的不同视角造成的。

但是当你经过的时候，她说：“看我这只灯泡发出的光，它的速度是 c。”你说：“是的，非常正确。”

你们应当感到惊讶。

大自然没有任何理由去偏爱你而不是爱丽丝，所以自然不会选择任何人。光速 c 是对谁而言的？爱因斯坦回答说：每个人。每个人测量的光速都必须为 c。

时间也是相对的

为了找寻空间中的方向感，你可能会这样说，上是你头顶的朝向，西是你左臂的指向，北是你目前正面对的方向。现有的证据都可以很好地帮你得出结论，你并没有在空间中移动。你没有朝上下、东西、南北的任意方向挪动哪怕是一点。就你而言，你在空间中是静止的。但你也知道，无论如何，你在时间上都不是静止的。时间正从你身边流逝，或者，形容此情此景更恰当的意象是，你正在时间长河中穿行。

远处一个明显区别于背景的斑点逐渐变得明朗，原来是你的同伴爱丽丝，她正相对于你运动，几乎和光一

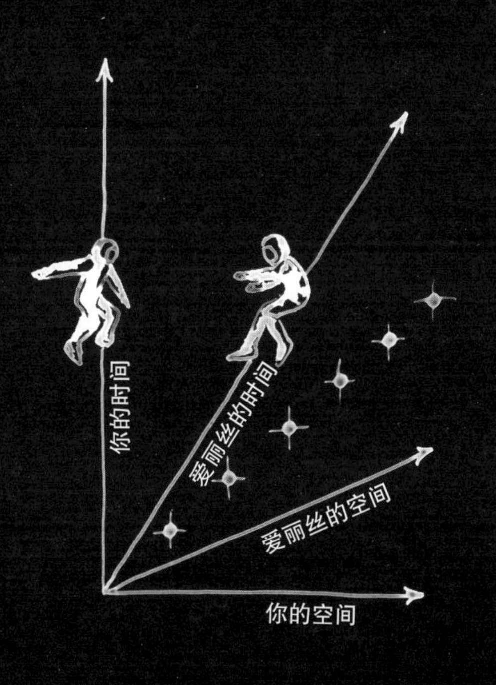
你的时间
爱丽丝的时间
爱丽丝的空间
你的空间

样快。你觉察到她正在空间中自上而下地移动，她当然会说不，根据她对上下的规定，她在空间中是静止的。算了，这种无意义的争论一次就够了。有趣的是，现实远比你所想的更加深刻。她说她在自己的空间体系中保持静止，但在时间中移动，她并不否认她比初次见到你时更老的事实。想要检验这一点非常简单，她只需要数自己的呼吸，并确认呼吸次数随着时间的流逝而增加即可。她说，她在自己的时间体系中移动。如果你在自己的时空体系中描绘出她的路径，你就会说："你在我的空间和我的时间中移动了。"而她会说出和你一模一样的话。这听起来就像你们两个不仅在空间中，还在时间和空间中围绕彼此旋转。

这幅插图可能是错的。谁说时间可以与空间画在同一坐标系中的？如果这是可行的，如果不仅存在空间坐标系还存在时空坐标系，那么这个类比就很具有说服力。这幅图表明爱丽丝的时间流逝速度和你的并不相同。从这幅图上看，你把爱丽丝称为时间的那部分当作空间。根据这张图，你会说爱丽丝并未和你经历相同的时间，因为她在她的时间方向上旅行的长度与在你的时间方向上旅行的长度不同。当然，她也可以绘制自己的时空地图，然后以同样的理由指责你。看，即便是时间也是相对的！

爱因斯坦意识到，无论你和爱丽丝在时间和空间的认知上如何大相径庭，你们对于光速的测量结果都必须保持一致。你和爱丽丝的相对运动幅度越大，对于时空的认知差异也就越大。

这幅时空示意图说对也对，说错也错。正确之处在于它赋予图中每个人的光速都是相同的。当你的时钟走过1秒时，你看到光在空间中沿着你的标尺传播了大约30万千米的距离。尽管爱丽丝建立的时空坐标系与你的完全不同，但根据她的标尺，她看到的光线同样在1秒钟的时间内传播了30万千米。你和爱丽丝牺牲了在时间和空间上的共识，却换来了一条普适的自然定律。

这幅时空图的缺陷在于我们强加其上的几何结构。我们把时空图绘制在这本生存指南的平坦纸面上，可是这种绘图方式因其自身的局限性很容易引起歧义。从二维平面上解读立体结构需要一种读取距离和形状的特殊规则。举个我们再熟悉不过的例子，你经常见到的那种纸质世界地图。众所周知，当我们把地球的球面投影到一张平坦的纸上时，距离和大小会因为投影而变形。我们明明取了一个曲面，却硬要把它拉伸成平面，难免会有偏差。尽管如此，我们仍然可以很好地使用平面地图，只要我们看得仔细一点，并应用适当的规则去阐释距离、角度等内容的实际含义即可。

你和爱丽丝飘浮的空荡时空也可以画在一张纸上，但类似于把地球球面投影到平面上，这种做法会导致一定程度的变形和失真。因此，我们需要把地球绘制在球面上以便更准确地呈现它的地理状况。同样，时空应当被绘制在另一种不同的表面上，而与之配套的衡量距离的规则也与我们熟知的适用于平坦纸面的那一套有所不同。时空的表面可以被完全数学化（它被称为闵可夫斯基空间[1]），但是不容易形象地呈现出来，只是现在我们为了了解投影的基本规则，才把时空投影到平坦纸面上（具体规则这里不再赘述，不然我们就彻底跑题

1 闵可夫斯基空间是狭义相对论中由一个时间维度和三个空间维度组成的时空，它最早由俄裔德国数学家闵可夫斯基表述。闵可夫斯基空间不同于牛顿力学的平坦空间。——译者注

了）。我们在物理课堂上经常画这种时空图，我个人也非常喜欢它们，只是现在我们不再以常规方式去解读它们罢了。

黑洞引起时间膨胀

不像平面时空没有任何可以做参考的界标，黑洞创造了一个纯天然的明确界标供你使用。现在你和爱丽丝可以十分确定地说，相对于事件视界，你们二人中的一个是否移动了。

假设你和爱丽丝正处于一个远离黑洞的空间站里，你通过望远镜看到了黑洞的影子。于是你决定独自前去调查一番，并把空间站和爱丽丝留在了身后。你切断了连接你和空间站的安全绳，完全凭借引力飘向黑洞。你和爱丽丝约好定期给对方发送信息。你开始沿着一条通向事件视界的路径自由下落。每隔一段时间，你就会使用喷气推进器向反方向加速，以此保证你与黑洞和在安全距离之外操控空间站的爱丽丝保持相对静止。你逐渐意识到，你越接近黑洞的影子，你启用喷气推进器的频率就需要越高，只有这样才能维持你与黑洞阴影之间的距离。

黑洞从外面看起来是黑暗的。你可以很轻松地辨别出它的阴影，因为银河系中3000亿颗恒星照亮了黑洞周围的世界，从而区分出与背景格格不入的黑洞。黑洞把空间扭曲成透镜，折射出银河系的壮丽影像。所有转向过近的光线无一例外地落入了事件视界，在空间中勾勒出一个坚实的黑色圆盘。

当你缓慢逼近黑洞时，时钟上显示的时间对你来说似乎是正常的，每一秒的读数也都与你对时间流逝的直观体验相对应。爱丽丝却抱怨说你的时钟走得比她的慢，你的时钟上显示的时间落后于她的时钟上的时间。在这一点上你无法辩驳。她的时钟确实比你的快得多。相应地，爱丽丝也比你衰老得快。视频通话时，她正以难以置信的快节奏播放背景音乐，她身后屏幕上的电影也正以近乎荒唐的节奏快进。

在你启用喷气推进器抵抗下落趋势时，你与黑洞和爱丽丝之间不存在相对运动。尽管如此，因为黑洞能够扭曲空间和时间，你对时空的测量相对爱丽丝而言还是

会随着你每向视界靠近一步而偏差得更多。你的时间会变得比她的慢，直到你到达事件视界。这时，你的时钟在爱丽丝看来完全静止了，你的时间丝毫不再流逝。

因为视界上的逃逸速度是光速，所以你发送给爱丽丝的信号就像所有空间信号一样被编码在光上，不断试图向视界外逃跑，却永远也无法成功脱身。当你穿过事件视界时，会经过你发射的光所形成的光环，即使它正以光速运动，从外面看却像是静止不动的。这就好比，空间如同瀑布一样湍急地涌进了黑洞里，而光就像小鱼一般在提前规定好的速度极限下苦苦挣扎。光仍然保持着 c 的高速，却在空间瀑布面前显得无能为力。光会被困在视界上，而你则会被湍急的空间瀑布卷进黑洞深渊。从远处看，似乎视界上的时间是静止的，似乎所有时钟都停摆了，包括你的生物钟，似乎你需要无限漫长的时间才能穿越事件视界。

但就你自身而言，你的时间流逝是完全正常的。你随身携带的时钟没有发生任何意料之外的变化，时钟的运转机制看起来完美无缺，你跨越事件视界的整个过程也显得平平无奇。一切都显得岁月静好，尽管在面对黑洞内部前途未卜的命运之前，你只有少量的时间来享受生活。

面临最终的死亡之前，你会看到爱丽丝的时钟运转得飞快，要比你的快太多了。她正在时间的长河中急驰而过，而她发送给你的视频信息已经快到模糊不清。当你即将暴毙于黑洞中心时，她早已衰老成一个老妪，平和地走进生命的尽头。在你从这个世界完全消失的前几分之一秒中，你目睹了你们的空间站暴露在星际物质、恒星风、致命的超新星爆发和死亡恒星间的激烈碰撞中，一步一步腐朽老化，最终支离破碎，消散于浩瀚的空间中。

时间膨胀了，或者更确切地说，比起远离黑洞的时钟，落入黑洞的时钟所测量的时间要流逝得更慢。这种持续性的时间膨胀会愈演愈烈，直到事件视界上的时间从外界看来似乎完全停止了流动。

假设时间和空间首先是由无限遥远的时钟来测量的，那么这些时钟的观察者进入黑洞后将不得不得出如下结论：在事件视界内，他们曾经称为时间的东西现在成了空间，他们曾经认为是空间的东西现在变成了时间。用左和右互相旋转的类比来思考，你会更容易理解此情此景。时间的流逝速度怎么可能比完全停滞更慢呢？现在就好像时间旋转到了空间，空间旋转到了时间，二者的属性完全对调。

在视界内部，如果想要向外围移动，你就必须以比光速更快的速度运动。这显然是不可能的。既然没有什么物体能比光传播得更快，那么所有可行的路径最终都将指向黑洞内部。也就是说，你的一切未来都位于黑洞中心，而你所有的努力和挣扎注定要失败。你只能向奇点不断前进，因为奇点只存在于你的未来，事件视界只存在于你的过去。你将无情地跌向奇点上的未来，正如你身后的爱丽丝在时间的长河中也正朝着她的未来前进一样：个人的生老病死、国家的荣辱兴衰和文明的更迭消逝。

我们曾想当然地把黑洞奇点当成一个球体的中心。但实际上，它位于未来的时间点，而非空间中的一点。你无法看到黑洞的中心，因为光不能从奇点向你传播，就好比光不能进入过去一样。时间不能倒流。在奇点上死亡，就是你的未来。

第　六　章

塔迪斯[1]

黑　洞　旅　行　指　南

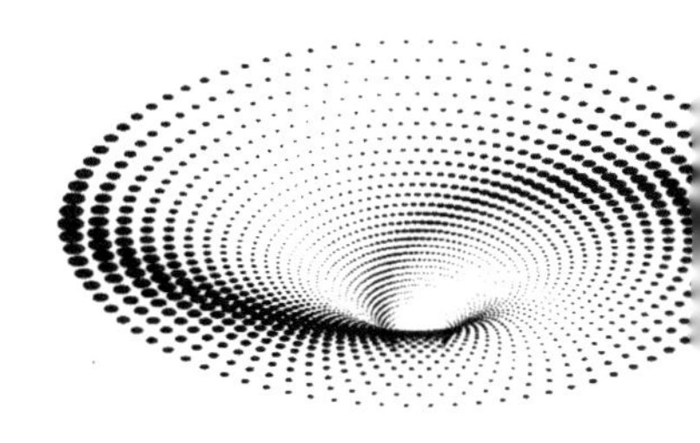

1　塔迪斯（TARDIS）是英国科幻电视剧《神秘博士》（*Doctor Who*）中的时间机器和宇宙飞船。它的名字是时间和空间的相对维度（Time and Relative Dimensions in Space）的缩写，具有一定的意识和生命特征，并能够抵达宇宙中任何时间与空间。另外，塔迪斯的内部空间是无限大的，几乎等同于另一个宇宙。——译者注

你的喷气推进器在事件视界上一点用处也没有，把它关掉吧，然后屈服于重力，乖乖地向中心坠落。黑洞从外面看是一个实打实的黑暗圆盘。可一旦你穿过事件视界进入黑洞内部，你就会发现你仍然可以看到黑洞外的世界。你根本没有陷入想象中的黑暗。相反，来自银河系的光如雨点般倾泻而下，毫无阻碍地穿入事件视界，为你呈现了一幅高度扭曲的外界影像。尽管黑洞外表看起来一片漆黑，它的内部却是光明一片。

透过事件视界这块单向透视玻璃，你可以看到外面更广袤的宇宙。虽然你无法停止向黑洞中心坠落，但在那片刻的时光中，你尚可以通过视界静观宇宙的演变。

来自银河系的光如潮水般涌入事件视界，描绘出一个急剧加速的宇宙。你眼前这个快进版本的宇宙在极短时间内便走完了数千年、数百万年乃至数十亿年的演化进程。进入你眼睛的光忠实地展示了一个又一个文明的消逝，抑或是恒星爆炸时如同狗仔队闪光灯般璀璨夺目的光芒。当你持续坠向奇点时，前方空间会慢慢收缩变窄，并将所有越过事件视界的光聚集成一个明亮的白色光点。就像在濒死体验中，你会看到隧道尽头的光明一样。唯一不同的是，落入黑洞奇点代表着真正意义上的死亡。

如果遵循数学推导，我们就要面临一个无比残酷的结局。广义相对论预测，黑洞的内部世界会持续收缩，时空也会灾难般地完全扭曲，最终形成一个奇点。在奇点上，所有路径都会终结。奇点也可能是时空中的一个切口，原始恒星的物质掉进了奇点切口，自此灰飞烟灭，不复存在于宇宙中。也就是说，视界背后实际形成黑洞的坍缩物质不仅与黑洞的结构无关，而且已经从时空中消失了。

一旦越过事件视界，你就应该放弃所有对黑洞的无

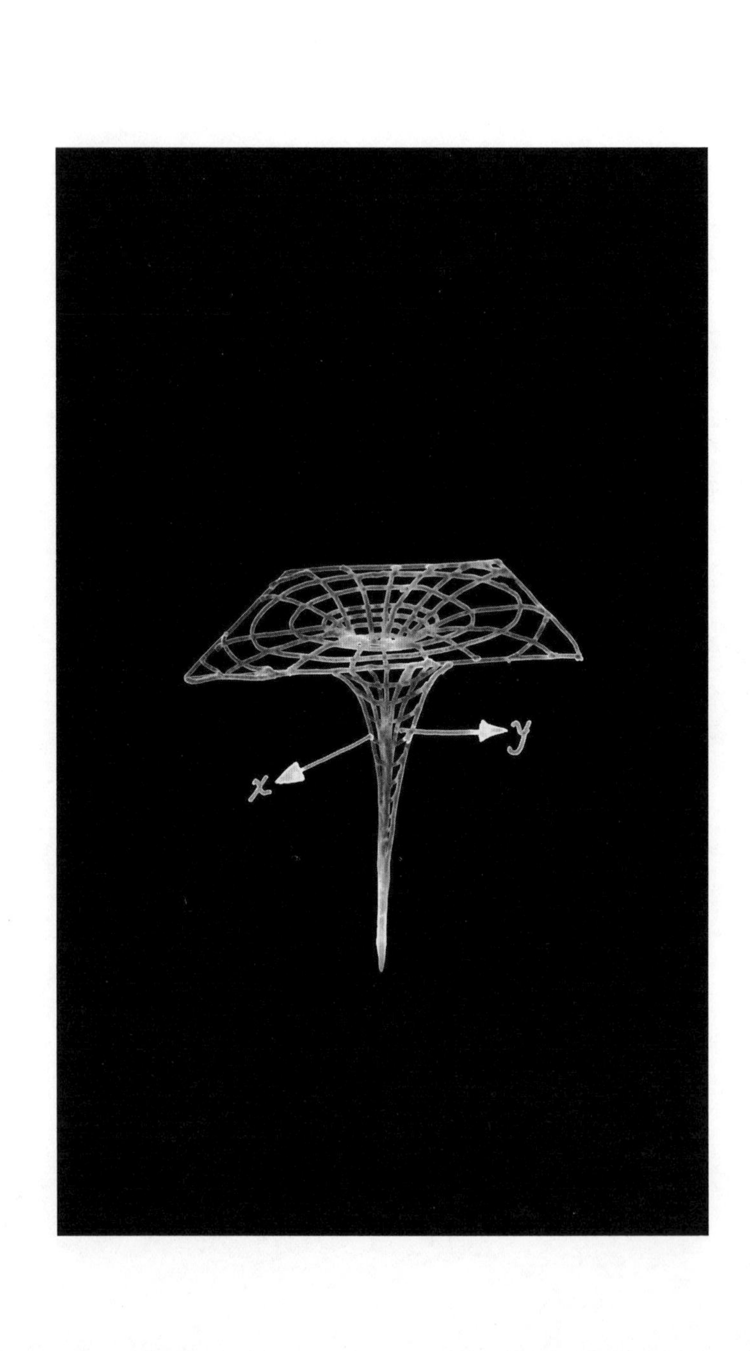
y
x

谓抵抗。你将不可避免地坠入奇点。这注定是一段凶多吉少的旅程，你身体中的物质扰乱了黑洞的内部环境，激起了时空的涟漪。当你靠近奇点时，空间会残暴地把你扯得四分五裂。你身上接近奇点的位置比远离奇点的位置运动起来快得多，拉扯感宛若五马分尸。与此同时，你的整个身体结构被迫向那一点集中，压迫感宛若泰山压顶。一微秒，或许还不够你眨一次眼，却足以让你被空间剥皮，粉碎，碾压至死。随后，空间风暴会猛烈地击打你，撕扯你体内的有机物质，直至它们粉碎成基本粒子。最后的最后，这些曾经构成你身体的粒子会如同骨灰一般被撒向时空的切口，从宇宙中销声匿迹。

这个时空切口不通往任何地方。奇点既是空间和时间的终结，也是存在的终结。任何物体，一旦被空间碾碎，被推进奇点，就不再拥有未来。奇点上的死亡是最完全、最有力的存在性死亡。你体内包含的基本粒子从空间中湮灭，你和你的构成物质变成了过眼云烟。这是真正意义上的不复存在。

所幸，我们不必屈从于命运的嘲弄，奇点也并非无法规避。奇点因其诡异的极端特性，本身就值得我们保持怀疑的态度。奇点是对探寻真理的整个科学范式的诅咒，几乎所有物理学家都怀疑广义相对论在奇点上的适用性。相对论或许无法为如此极端的环境提供完整的物理描述，黑洞奇点或许也只是相对论的一个错误预言。换句话说，数学理论告诉我们，相对论在奇点上失效了。也正是因为预测了奇点，广义相对论无法成为一个描述宇宙的完备理论。如果坚持信仰相对论，我们就要面对一个十分黯淡的宇宙图景。奇点的存在，说明宇宙于根本层面上就不协调，已经病入膏肓了。

也许在黑洞深渊当中并不存在所谓的“奇点”，取而代之的是坠入物质的某种量子残余。这种量子余烬位于黑洞正中央，承受着灾难般的高能和空间曲率。可以想象，所有最初形成黑洞的物质无一例外地落入其中，被牢牢地束缚于某种未知的量子态。我们自以为了如指掌的亚原子粒子，曾经还是恒星再普通不过的组分，现在却被压缩到比氢核的万亿分之一还要小。

同样可以想象，支持上述物质残余假设的物理学家并不多，它只不过是句无法证实的废话罢了。如果仍然无法找到切实证据，我们就只能屈服于各种各样的猜想。其中最受公众欢迎的一个就是：黑洞内部的空间结构可能会破裂，从而在另一片空间中形成白洞。因为白洞通向的空间要比黑洞表面更大，整个过程就像是又一场宇宙大爆炸。如同《神秘博士》中的塔迪斯，黑洞里可能藏有另一个宇宙。

黑洞是个区域，时空中的一个位置。黑洞意味着怪诞的黑暗、赤裸和虚无。然而，时至今日，天文学家依旧无法回答下面这个看似简单的问题：如果不小心掉进了黑洞，我们将走向何方？“事件视界”这面单向玻璃为黑洞内部谜团赋予了独特的文化光环。有趣的是，其他大多数天体物理现象从未享此殊荣。

无论黑洞中心产生的是物质残余还是宇宙大爆炸，都与你没有任何瓜葛了。早在到达中心之前，你就已经被碾死了，把奇点替换成任何看似更合理的猜想都无法饶你一命。你会被空间拆解得支离破碎。但请不要灰心。落红不是无情物，化作春泥更护花。你的身体可能会留存于更大的宇宙生态系统，并成为它的一部分。如果你的身体碎片没有被奇点彻底抹除，如果你的构成物质能够在黑洞核心以量子残余的随机形式继续存在，那就仍然留有转机。同样，进入黑洞的碎石会伴随你一起坠向黑洞中心。越来越多偏离轨道的太空垃圾和其他堆积的碎片与你汇聚。物质残余就这样永远存在下去，为你可能的未来留下渺茫的希望。或许你体内的元素将前往一个新宇宙，在一次大爆炸中喷薄而出，重新排列成一代又一代的恒星。其中一些元素最终会重新组合成一种微生物的生命形式，附着于一块新的泥土上。这片泥土又注定会落入另一个黑洞。如此循环下去。

第 七 章

完美

黑洞，令人折服。不仅因为黑洞是死亡恒星，会蚕食邻近星体，吞噬整个星系，并在极其漫长的时间后猎杀下一个目标，也不仅因为黑洞点燃了已知宇宙中最强大的引擎，是汇集了物质残余和混乱的旋涡，还因为黑洞是完美的。

黑洞无毛

黑洞是完美无缺的。我的意思是，黑洞毫无特征。给黑洞泼些脏水吧，附着上去的污点很快就会消失。黑洞能够摆脱任何瑕疵，回归它完美、无特征的自我。不管原始恒星多么与众不同（比如，它可以完全由驴组成），不管坍缩如何开始（我想不出足够疯狂的例子，也许驴挨挨挤挤，直到恒星内塞进了足够多的驴，从而坍缩），结果总是相同的：一个毫无特征的黑洞。任何一个完美的黑洞，无论来自压缩的恒星大气、碎成粉末的钻石、稠密的反物质污泥、核废料、光子，还是冰箱贴，到最后都会丢失原有的复杂特征。

有什么手段都尽管使出来吧！尽你所能使黑洞变形，越剧烈越好。先试试让两个黑洞相撞，你最终会得到一个与其他黑洞同样完美的全新黑洞。当视界合并时，两个黑洞附近的时空在汹涌的波浪中起起伏伏，就像敲响的钟会发出声波，直至振动停止。时空也会产生时空曲线上的涟漪，即引力波。黑洞碰撞产生的波动会逐渐衰减，直至时空重新回归平静。时空涟漪代表着这对碰撞者最后的痛苦。引力波带走了所有的挣扎痕迹与瑕疵，只留下一个安静、完美、旋转的黑洞。

往黑洞里面扔一颗恒星、一座山，或一只山羊。随着质量在黑洞内部积累，时空会进行相应的调整。黑洞

事件视界因此发生了轻微形变，但这种变形很快就会消失。也就是说，引力波会带走所有形变，让外部视界恢复原有的平滑和完美。

对外部观察者而言，黑洞唯一可区分的特征就是它的质量、电荷和角动量。一个给定质量、电荷和角动量的黑洞与其他所有拥有相同质量、电荷和角动量的黑洞完全相同。这三个识别特征决定了黑洞时空的几何性质，即事件视界和周围时空的大小和形状。

“黑洞没有毛。”约翰·惠勒打趣道。你不可能推断出黑洞内部除了质量、电荷和角动量之外的任何其他特征。不然这些信息就会像线一样从黑洞中发射出来，宛若黑洞长了根毛。可惜，事件视界禁止信息向外流动，因此也绝不允许黑洞长毛。黑洞没有毛，即便是长了毛，也不会持续太长时间。你给它们植的任何毛发都会掉进黑洞，或者被辐射到外界，使洞恢复到原初的形态。因此，黑洞将继续毫无特征，完美无缺。

黑洞是宏观的基本粒子

距离你往黑洞里扔东西又过了一段时间。由于我们身处视界外界，再也无法得知刚刚究竟是什么物体落入了黑洞，没有任何信息能够穿过事件视界到达我们这一边。如前文所说，黑洞表面不包含任何复杂特征，因而我们会看到如下优美的情景：从我们这边看，所有给定质量（以及角动量和电荷）的黑洞与其他拥有相同质量（以及角动量和电荷）的黑洞一模一样，它们必须完全相同，因为我们没有任何办法和依据把它们区分开来，事件视界同化了所有的黑洞。因此，从外部看来，你无法分辨由纯光形成的黑洞，还是由金条、羽毛、放射性铀或小说《白痴》[1]形成的黑洞。至少从外部来看，所有特定大小（以及角动量和电荷）的黑洞都是相同的，

---

1 《白痴》是19世纪俄国作家陀思妥耶夫斯基创作的长篇小说。作品表达了世界本就是无法用理性去量化的，甚至是超越人的想象的。人无可探知、无法实现的都是不需要去思考的，去思考且去实践的人都是“白痴”。这应该是对许多启蒙思想家所推崇的“人的逻辑必然符合自然规律，人算等于天算”的绝妙讽刺，这种过于相信世界可计算，把所有矛盾排除在外的逻辑，实际上是人类的骄傲自大。——译者注

没有任何实验可以区分它们。

黑洞是完美的，恰如电子这种亚原子粒子也是完美的。任意一个电子与宇宙中其他电子都是相同的。不同于由电子组成的更宏观的物体，像人或野外指南，电子与电子之间完全可以互换。

从某种程度而言，黑洞是引力的基本粒子，因其特殊的性质，我们已知的宇宙中没有可与之比拟的存在，当然，除了类似的黑洞。所有其他理想粒子都存在于亚原子世界，所以宇宙中也可能存在亚原子黑洞。这种黑洞通常表现得很不稳定，质量或与亚原子粒子相同。甚至，我们在粒子加速器中就可以制造出亚原子黑洞。

倘若我们让粒子对撞，使它们的能量集中于足够小的空间内，从而达到黑洞的密度，就可以创造出迷你黑洞。理论上，最小的基本黑洞粒子质量约为22微克，是芝麻种子质量的几千分之一，体积却要比它小约32个数量级。22微克可能看起来不是很重，但这个微观黑洞的质量比质子大19个数量级，体积比质子小20个数量级。在你家的厨房里，你可以轻轻松松找到一堆

22微克左右的颗粒物集合，比如一小把面粉。但这些面粉由无数小颗粒组成，非常分散，远远小于黑洞的致密程度。制造又大又重的东西很容易，比如建筑物和宇宙飞船；制造又小又重的东西却很难，越小，越重，越难生产。根据上述推测，迷你黑洞是最重也是最小的基本粒子。

位于瑞士的大型强子对撞机[1]在一条狭窄的、长达27千米的环形加速隧道中粉碎粒子束，碰撞后纷飞的粒子碎片喷向环上一系列探测器，供研究人员观测。它是人类目前建造的最大、能量最高的粒子加速器，并有望永久保留这一美誉。大型强子对撞机达到的能量峰值比量子黑洞所需能量小15个数量级，根本无力制造这样一个黑洞。尽管如此，还是有一些合理的研究假设了更轻的量子黑洞的存在。如果宇宙隐藏了已知三维空间

1　大型强子对撞机（Large Hadron Collider，LHC）是一座位于瑞士日内瓦近郊欧洲核子研究组织的对撞型粒子加速器，作为国际高能物理学研究之用。大型强子对撞机是一个国际合作计划，由34个国家超过2000位物理学家所属的大学与实验室或研究所，共同合作兴建。它于2008年9月10日开始试运转，成功地维持了两质子束在轨道中运行，成为世界上最大的粒子加速器设施。——译者注

外的额外维度，大型强子对撞机就有可能产生这种黑洞。但这已经是题外话了。

物理学家们公开发表、讨论这些想法。他们开玩笑地把大型强子对撞机称为“潜在的黑洞工厂”。说者无心，听者有意。部分民众听到了这些讨论，社会中出现了广泛的关注、议论和恐慌。有人向法院提起诉讼，希望禁止研究人员启动对撞机。为了回应社会对于对撞机安全性的担忧，欧洲核子研究组织委托了一批独立科学家来评估风险。科学家们认为，对撞机对我们的世界并无威胁。开关打开了，大型强子对撞机发现了希格斯玻色子[1]，它被称为“该死的粒子”，俗称“上帝粒子”。有意思的是，科学家的调查报告并未声称大型强子对撞机永远不可能产生黑洞。相反，该声明说的是，

1　希格斯玻色子因物理学家彼得·希格斯而得名，他是1964年提出希格斯机制的6位物理学家中的一位。希格斯玻色子与空间中物体质量的形成有关，被认为是一种塑造了世界万物的基本粒子，它会形成遍布宇宙空间的希格斯场。一个粒子与希格斯场相互作用越强烈，拥有的质量就越大。而光子和强相互作用中的胶子不与希格斯场发生作用，所以都没有质量。2013年，通过对撞机实验，初步确认已经发现了希格斯玻色子，证明了希格斯场的存在，希格斯本人也因此荣获诺贝尔物理学奖。——译者注

任何迷你黑洞都绝不可能毁灭世界。粉碎的粒子首先会创造出一个变形的黑洞，然后辐射掉所有毛发乃至所有瑕疵，最终形成一个完美的基本黑洞。随后，这个黑洞通过量子效应迅速衰变，以霍金辐射的形式蒸发掉。具体的蒸发过程将在本指南后文详细阐述。

如果你真的下定决心去制造独属于你的微观黑洞，那就请尝试最小的那种，你的生还概率将会因此大大增加。微观黑洞因为霍金辐射而变得极不稳定，在造成太大破坏前有充足时间完全蒸发掉。微小的黑洞对世界的命运是无害的，它们的寿命太短，因而根本不可能吞噬仪器、隧道、研究人员、实验设施、瑞士，更遑论整个地球。如果你确确实实制造出了一个小黑洞，可以考虑往里面加些带电荷的物质。在这之后，你便能够用磁钳来捕捉带电的黑洞，将这个不可多得的宝物小心翼翼地保存于热箱中。箱子中存在一个微妙却不可持续的均衡状态，平衡着黑洞的增长与衰变趋势。剩下的操作就交给你了。这注定是一场紧张刺激的实验。

无非是建了一个黑洞工厂而已，能出什么问题呢？对于这个问题，不是每个人都同物理学家一样笃定。这里有一个稍显枯燥乏味，却很重要的论点。宇宙射线撞击地球大气层的能量远远超出了对撞机所产生的能量。我们的地球和其他任何行星都未曾消失在迷你黑洞里，就算微型黑洞能够在地球大气中形成（我们对此表示强烈怀疑），它们也会因为过于不稳定，从而无法毁灭地球。

遗憾的是，大型强子对撞机从未成功探测到任何黑洞。目前唯一可行的迷你黑洞工厂就是宇宙大爆炸。在一场温度极高、能量极大的事件中，宇宙在大爆炸中极速膨胀。这一爆炸产生的能量要比大型强子对撞机所能产生的能量高1亿亿倍。微观黑洞可能形成于宇宙演化进程的最初阶段，原始黑洞也会以霍金辐射的方式蒸发殆尽，因而在很久以前就消失了。蒸发掉的黑洞分解为其他形式的物质残余，为第一代恒星的孕育提供了养分。这些恒星会逐渐死亡，然后坍缩成为大型的、寿命较长的黑洞。

没有证据表明宇宙中曾出现过这些原始迷你黑洞。但是，有令人信服的证据可以证明，在宇宙大爆炸几十亿年后能够形成黑洞时，宇宙就恰逢其时地产生了恒星级黑洞。这就是本章要讲的，我们必须抛开时空纯粹理论，远离纯粹虚无的严酷境地。赤裸、孤立的黑洞仍然和我们玩着躲猫猫的游戏。但有的黑洞并不孤单，它们会撕下附近天体的大块物质，并甩到周围的空间，好让我们知道它们就在那里。就像一个隐形人在雪中玩耍，总要留下存在的些许痕迹。

第 八 章

天体物理

黑 洞 旅 行 指 南

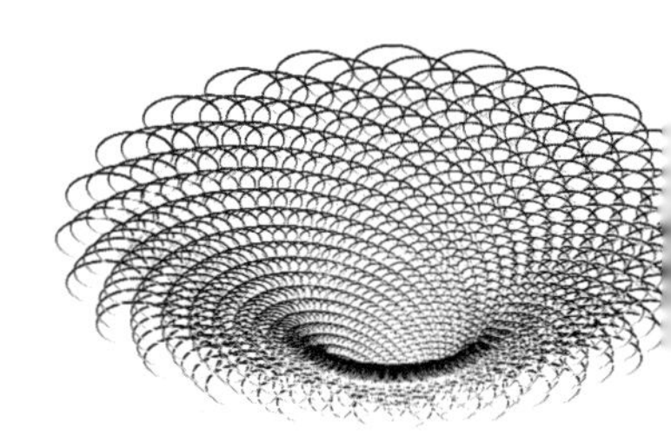

现在我必须承认，“黑洞”这一抽象概念正表现得越来越像宇宙中真实存在的物体。架设于卫星、热气球和地面上的望远镜能够窥探来自宇宙深处的光线。它们一致得出结论，黑洞是真实存在的。因此，我们必须把黑洞从抽象理论的虚无地带转移到现实世界，也要把黑洞从一片漆黑反转到令人目眩的光明。你将会目睹跨越数光年，甚至数百万光年的物质与反物质喷流、被摧毁的恒星，以及在黑洞周围极速飞溅的物质残渣。黑洞是宇宙中最黑暗的天体，真正意义上不发光的空间洞穴。然而，讽刺的是，黑洞同样也驱动着遥远宇宙里最明亮的灯塔，其他任何光源与之相比都要黯然失色。

我们已经观测到了类星体[1]，它占据古老星系的核心位置，绽放万分耀眼的光芒，跨越数十亿光年进入我们的视野。超大质量黑洞要比太阳重数百万甚至数十亿倍，它拖曳着星际浮木——完整的恒星、星际气体、天体残骸、星系核心区域的居民，以及附着于物质团块的蜉蝣——并甩进炽热的混乱旋涡。黑洞自身则因为湮没于旋涡而渐渐销声匿迹。物质被卷入了由黑洞驱动的电磁风暴。它们的加盟使得无形的黑洞变得清晰可辨，如同龙卷风中的尘埃一样忠实地标识着风暴的踪迹。黑洞将物质泥沼加速旋转成明亮的喷流，垂直推进数百万光年，终于成为可观测宇宙深处震撼人心的灯塔。

当人类技术首次发现这类天体时，天文学家将它们称为类星射电源，但在后来它们的河外起源逐渐明朗

1　类星体与脉冲星、微波背景辐射和星际有机分子一道并称为20世纪60年代天文学“四大发现”。“类星体”这个名称是由华裔美籍天体物理学家丘宏义在1964年发表于《今日物理学》的文章中，描述某些天文学上令人费解的天体时创造的：到目前为止，因为这些天体的本质是完全未知的，很难为它们取一个简短、适当的名称，所以用来描述这种天体的名称是笨拙又冗长的“类星射电源”，为了方便起见，本文将使用简称“类星体”。——译者注

时，我们又改口称其为类星体。从地球的角度观察，类星体与恒星看起来同样又亮又小，但类星体由于分布于星系平面外，实际上并不是存在于银河系内的天体。此外，类星体与地球间的距离通常长达数十亿光年，光线因此也需要数十亿年才能到达地球，这恰恰证明了类星体十分古老。如此遥远的距离同样表明，类星体在当前宇宙中很稀少，已经远不如从前常见。

类星体位于星系核心，是由超大质量黑洞驱动的活动星系核。活动星系核的质量从数百万到数十亿太阳质量不等，却集中于比太阳系还小的空间内，宛如一个沉重的锚，固定着致密、拥挤的星系中心。星系核周围环绕着成千上万个小黑洞和已经死亡或仍然活着的恒星。没有人真的知道超大质量黑洞具体的演化过程，以及它为何变得如此沉重。超大质量黑洞可能起源于死亡恒星的物质残余，随后在恒星级黑洞的碰撞中合并，最终成长为庞然大物。超大质量黑洞也可能并非演化自死亡恒星，而是直接从婴儿期宇宙的原始物质中坍缩而成。但无论如何，超大质量黑洞的数量在可观测宇宙中都已达数千亿之巨，与宇宙中星系的数量大致相同。

星系间或已发生了数百次碰撞与合并事件。星系们会径直穿过彼此，而恒星则因其疏散的分布幸免于难。正当两个星系跳着优美的华尔兹舞蹈时，引力扰动把恒星系统甩来甩去，使大部分弥漫于星系的星际气体猛烈相撞。两位华尔兹舞者擦肩而过，紧接着又回头拥抱彼此，如此往复，直至二者彻底融为一体，再也无法分割。碰撞后的星系需要数十亿年时间才能平静下来，并将尘埃和恒星纳入致密的星系中心。此景宛若一个宇宙洗涤池，星际物质流回旋着汇聚成一个圆盘，不断冲刷着黑洞洗涤池。星系核被点燃了。弥散物质继续落入由碰撞碎片堆积而成的旋转结构，进而形成了灼热并光芒四射的吸积盘。吸积盘上的物质向外辐射出无可比拟的能量，以至于黑洞周围区域竟要比整个星系还要亮上几千倍。

作为星系的中央引擎，超大质量黑洞扭曲了周围的磁场，为带电粒子规划了滑行轨道。与此同时，超大质量黑洞也能够以接近光速的速度向外抛射物质。相对论性粒子[1]辐射的能量随着紧密的粒子束向外传播，在纤细的喷流中跨越了数百万光年的星际空间。

活动星系核会发出耀眼的光芒，其亮度足以让数十亿光年外，即数十亿年后的我们观测到。直至吸积盘中的物质被消耗殆尽，黑洞才会进入休眠和黑暗状态。

如果这本生存指南——人类的思想遗产——因为种种原因而无法留存，那么一定要传达给未来太空旅行者的建议便是：尽可能远离黑洞喷流。我们可以把喷流理解为一把以黑洞为动力的宇宙激光枪。喷流能够将粒子加速至可行的最高能量，进而产生致命的X射线与伽马射线。高能喷流的直接冲击可以烧毁行星起保护作用的大气层，煮沸行星核，并灭绝行星上所有的生命。源自超大质量黑洞的最猛烈喷流甚至能在邻近星系中吹出一个大洞，消灭其中数十亿颗行星上任何正在进化的物种。请一定要采取预防措施，想尽一切办法远离发射线。哪怕来自小黑洞高能粒子的一丁点辐射都能让你的

1　相对论性粒子是以相对论性速度移动的粒子，也就是说，粒子的速度接近光速。——译者注

DNA受损，原本健康的细胞开始恶化。而高强度的辐射则会损害你的中枢神经系统，改变你的运动和认知功能，甚至剥夺你采取逃避行动的能力。随着电子从原子中挨个剥离，化学键逐一断裂，身体组织受到损伤，你的辐射病就会如约而至。然而，这还只是最理想的情况：尽管有防护装备和预防措施，你却因为安全距离计算错误而被喷流严重烧伤。一旦直接命中，你就会立马从这个世界蒸发。

狂暴纪元结束之前，一定要避免靠近喷流。很久之前，我们的银河系或曾拥有类星体的特性。但随着时间推移，可供中心超大质量黑洞消耗的物质越来越少，星系演化的活跃阶段也就告一段落。喷流逐渐消失了，星系中心依然明亮，只是不再如从前一般耀眼。星系核心的居民得以安全运行，而无须频繁落入黑洞。平静的星系核所带来的相对黑暗，让一个新出现的物种能够遥望宇宙大爆炸138亿年后银河系之外的世界。

银河系中心仍然生活着超大质量黑洞，即人马座A*（读作“人马座A星”）。之所以如此命名，是因为从我们的角度来观察，银河中心正好落在了人马座内。

天文学家于地球之巅密切监视着人马座A*。安第斯山脉[1]从智利沙漠中切下了一块狭长地带，这片地球上最干旱、最脆弱的土地同样也笼罩着最干燥的空气。狂暴的风在山顶上消散，使西部的阿塔卡马沙漠[2]在近乎静止的空气中炙烤着。宁静的苍穹入夜就会转入绝对黑暗，与光污染几乎完全隔绝，因此，阿塔卡马沙漠对仍然滞留在地球上的天文学家极具吸引力。在地球第二高的山脉上，多石地形中点缀着星星落落的盐湖，一系列国际顶尖天文台坐落其间，正倾听着宇宙的脉动。

物体仍会时不时地落入人马座A*，例如小型黑洞和恒星，但活跃吸积的纪元早已逝去。我们知道超大质量黑洞仍然存在。孜孜以求的天文学家们用了整整20

1　安第斯山脉是陆地上最长的山脉，位于南美洲西岸，约8900千米长，300千米至700千米宽。安第斯山脉是世界上除亚洲之外最高的山脉，平均海拔3660米，其中阿空加瓜山海拔6960米，为西半球的最高峰。——译者注

2　阿塔卡马沙漠是南美洲西海岸中部的沙漠地区，在安第斯山脉和太平洋之间南北绵延约1100千米，主体位于智利境内，也有部分位于秘鲁、玻利维亚和阿根廷。在副热带高气压带下沉气流、离岸风和秘鲁寒流综合影响下，阿塔卡马沙漠成为世界最干燥的地区之一，被称为“世界干极”。——译者注

年时间密切监测黑洞附近恒星的轨道。我们从最简单的引力定律即可推导出轨道焦点上物质的质量与尺寸。于是，研究人员得出结论：银河系中心又大又重的天体就是黑洞。如同滚石沿着山岳的形状下落，恒星也沿着时空的曲线运动。其中一颗恒星在不到16年的时间内就完成了围绕星系中心的一次周期运动，它以每秒数千千米的高速围绕一个无形的焦点运行，比海王星近日点时的速度还要高上几倍。通过对恒星运动的观察，我们得以推断出，超大质量黑洞存在于银河系中心，其质量约为太阳质量的400万倍。

几十亿年后，当银河系与邻居仙女座大星系相撞时，星系间近距离擦身而过会引发强大的潮汐力，从而激起弥漫于星系的尘埃。四溢的尘埃将汇聚到银河系中心，并可能重新点燃位于其中的超大质量黑洞。尽管如此，银河系拥挤致密的中心仍然相当平静，既没有类星体，也没有喷流。

只要足够有耐心，天文学家便有望见证明亮物质溅入黑洞的瞬间，但这种观测方式与直接看到黑洞并不能画上等号。当黑洞诞生于坍缩恒星的残骸，吞噬伴星，驱动类星体与喷流，或俘获在轨道上安分守己的恒星时，总要向外界透露些蛛丝马迹。因此，我们得以间接推测出黑洞的存在，我们甚至聆听到了黑洞间碰撞与融合的声音，它们就像鼓上的木槌一样晃动着时空，引起时空曲面的波动。

事件视界阴影的影像最为接近黑洞的真实样貌，真空中黑暗背景下的黑洞完全不可见。尽管如此，我们仍然有办法一睹黑洞的芳容。即便处于休眠期的黑洞也能够维持自身周围的吸积盘，位于其中的物质残渣足够炽热明亮，使得事件视界能够在盘上投下阴影。哪怕是位于黑洞正后方的光线也能够经由引力场偏折到达我们眼中，吸积盘因而看起来像是立着环绕黑洞。正是如此，剧烈的光暗对比让我们看到了黑洞的影子。

为黑洞拍摄照片，因其极小的尺寸而困难重重。尽管黑洞普遍被人们认为是破坏和毁灭的利器，但其本身体积十分渺小。例如，一个与太阳质量相当的黑洞的事件视界只有区区6千米宽，把视界直径与太阳140万千米的宽度相比，你就会明白黑洞到底有多小。人马座A*距太阳约2.6万光年，质量是太阳的400多万倍，宽度却只有太阳的17倍左右。

可想在2.6万光年外，拍摄一个只有普通恒星17倍宽的全黑物体有多难。分辨人马座A*的图像相当于要看清月球上的一个水果。要分辨一个2500万千米宽、100万万亿千米远的黑洞阴影，就相当于分辨一个100亿千米外一根针大小的物体阴影。要分辨出如此微小的图像，我们需要一台相当于整个地球大小的望远镜。

尽管超大质量黑洞广泛存在于星系中，绝大部分黑洞却都太遥远，即便使用地球大小的望远镜也无法分辨。但有一个例外：M87是一个巨大的椭圆星系，距我们5500万光年远。它蕴藏着一个惊人的超大质量黑洞，质量是太阳的数十亿倍。比起人马座A*，M87中的超大质量黑洞体积更大，但更加遥远的距离使其在我们的天空中就像人马座A*一样小。

利用分布于世界各地的大型射电望远镜——既借用了最先进、最复杂的天文台，也恢复了部分几乎报废的天文台，事件视界望远镜[1]变成了一个与地球大小相当的望远镜阵列。随着地球的自转与公转，目标黑洞逐一上升至全球各地独立望远镜的视野范围内。为了绘制精确的黑洞图像，事件视界望远镜需要像台单一望远镜那样运作。这项工作涉及不同望远镜间精密的时间同步，以便统合为一只地球大小的巨眼望向黑洞。正如事件视界望远镜研究小组所描述的技术挑战：无论是分辨人马座A*还是M87的图像，都好像从纽约市看清旧金山的一枚硬币上的日期一样困难。

事件视界望远镜持续注视着人马座A*。与此同时，该项目对外界公布了M87的数据。2019年4月10日，在美国国家新闻俱乐部，一场新闻发布会在雷动的

1　事件视界望远镜（Event Horizon Telescope，EHT）是一个以观测星系中心超大质量黑洞为主要目标的计划。该计划以甚长基线干涉技术（VLBI）结合世界各地的8台射电望远镜联合观测同一目标源。事件视界望远镜期望借此检验爱因斯坦广义相对论在黑洞附近的强引力场下是否会产生偏差、研究黑洞的吸积盘及喷流、探讨事件视界存在与否，并发展基本黑洞物理学。2019年4月10日，事件视界望远镜合作组织在全球6地（布鲁塞尔、圣地亚哥、上海、台北、东京和华盛顿）以英语、西班牙语、汉语和日语四种语言，通过协调召开全球新闻发布会，发布了2017年4月11日拍摄的M87中心的黑洞照片。——译者注

掌声中召开，甚至有人当场流下了热泪。黑洞的样貌正如预期那样出现在照片中，一个太阳系大小的阴影，被一条明亮优美的光环紧紧包裹着。揭开黑洞真容后，我为能与全人类共同见证这一历史性时刻而备受感动。数百万人和我一样，屏息以待，静静欣赏眼前的图景。我们都属于地球这颗岩质行星，与太阳系其他天体一起飘荡于无垠的星辰海洋。眼前这幅展现另一星系巨大黑洞的照片令我们望洋惊叹。

或许你将有机会独赏黑洞。只要离超大质量黑洞足够近，即便没有外部增强设备，例如地球一样大的望远镜，你也能目睹黑洞的影子。为了成功抵达人马座A*或M87，你需要加速至接近光速。以光速的0.9999995倍（比光速慢百万分之一）的速度行驶，这意味着你每秒要通过约30万千米的距离。前往人马座A*的路程将消耗你26年的光阴，而地球却要度过2.6万年的漫长岁月。如果你再快一点，以比光速慢万亿分之一的速度前行，你便能够在26年内到达M87，而地球则要经历长达5500万年的侵蚀。你行驶的速度越快，你的旅行体验越短，你就越有可能活着到达目的地，以风华正茂的姿态迎接未来。用极限接近光速的速度航行，你甚至能够到达可观测宇宙中最遥远的黑洞，尽管你将不得不忍受失去所有地球同伴的切肤之痛。你将比太阳、太阳系，以及逐渐衰老的银河系更加长寿。

第 九 章

蒸发

我希望这本关于时空旅行建议的指南对你能够有所帮助。无论你最后是英雄凯旋，还是中道崩殂，都请在阅读本指南时认真记笔记，并与我们分享。但必须坦白的一点是，我至今尚未开诚布公。我引导你们接受了如下假设：孤立的黑洞是黑暗的。我向你们保证，我的很多建议仍然有效，我也提供了应对黑洞典型特征的方案。不过，我必须承认，目前存在一个细微漏洞，使得“黑洞是黑暗的”这一假设理论上不再成立：霍金辐射。

大量证据已经证明了黑洞在现实中确实存在。随后，我们再次回到了思想实验中理论上孤立的黑洞。作为天体物理学中的庞然大物，黑洞总是漫无目的地游荡于空间中，并时不时将物质碎屑吸出宇宙，但它本身也是完美无瑕的基本引力现象。在人类苦苦追求对自然界完整描述的过程中，最简单、最抽象的黑洞注定会成为其中最艰巨的一场战役，以及所有想要参与智力交锋的少数天才的最佳去处。

自然定律少之又少，实际上只存在两种物理定律：一种用于描述引力，另一种则用于描述物质。我们将引力等同于时空，用约翰·惠勒的话来讲，时空中的物质和能量告诉时空如何弯曲，而弯曲的时空告诉物质和能量在其中如何运动。物质间作用的规则掌控着原子核和原子的运动，同样也决定着光的性质以及我们对这个世界的大部分体验，却似乎与时空规则有着本质上的不同。尽管如此，区区两种定律对物理学家而言仍然算得上赏心悦目。令人叹服的是，我们现在所熟知的世界仅从上述两种定律演化而来，而浮于表相的复杂性与多样性却让我们忘记了世界原有的简洁面貌。

基本定律的种类少得令人印象深刻，但还不够少。人类渴望发现描述万物的单一理论，找到能够将万物统一的终极物理定律。探寻万有理论的重要动机是一个听上去十分合理的猜想：引力与物质间的作用力尽管有着大相径庭的外在表现形式，实际上只不过是同一潜在事实的不同表达。

量子力学[1]不属于基本定律。它是基本定律在高能状态下的表现形式。在高能量下，你能够以外科手术般的精度游刃于极其微小的间隔。以X射线为例，它小到足以驱动你皮肤中的原子，小到足以发现你的皮肤几乎是全空的。众所周知，高能物体的行为与我们日常生活中低能量的物体截然不同。通过对高能粒子的观测，我们可知，物质被量子化成了离散的、不可分割的单位，即量子。我们对于物质有着久经检验，并且可靠的量子描述。如果我们能放大微观宇宙的运作，就能观察到一个反直觉的世界。这个光怪陆离的世界中充斥着无限

1　量子力学（Quantum Mechanics，或称量子论）是描述微观物质（原子、亚原子粒子）行为的物理学理论，量子力学是我们理解除了万有引力之外的所有基本力（电磁相互作用、强相互作用、弱相互作用）的基础。量子力学始于20世纪初马克斯·普朗克和尼耳斯·玻尔的开创性工作，马克思·玻恩于1924年创造了“量子力学”一词。因其成功地解释了经典力学无法解释的实验现象，并精确地预言了此后的一些发现，物理学界开始广泛接受这个新理论。——译者注

的、不安分的、概率性的量子，而位于其中的事物的基本存在则是模糊的、不确定的。因此，在我们熟悉的日常体验中，有关明确物体的简单确定性事实只不过是假象罢了。这种自我欺骗实则来源于我们拙劣的感知功能、模糊不清的视觉、迟钝的反应能力，以及极为有限的力量。要实现所有自然规律如此深刻的统一，我们需要掌握引力在量子力学框架内的描述。而事实证明，这是难以捉摸的。

为了搜集量子引力的线索，我们需要探索黑洞的边界。黑洞如同一个放大镜，扩大了宇宙历史长河中尺度最小、能量最高的物理过程，而这正是量子力学能够大展拳脚的领域。

黑洞的确是虚无，但它并不像表面看起来这样简单。在量子层面上，空间绝不会像我刚才讲的那样完全空荡。实际上，量子概率时刻困扰着真空，物质可能存在其中，也可能不存在其中，于两种可能性之间不断波动。量子层面上存在的模糊性与海森堡不确定性原理有关。该原理指出，没有任何亚原子粒子可以在一个特定的位置上完全静止。在人类发现海森堡不确定原理之前，我们曾幻想，或许某种微观粒子可以固定在一个地方不动，就像一个表现良好的台球。这算不上一个严格的要求，但我们臆想出来的粒子在现实中并不存在。

让我试着用下面这个类比来阐述问题，但要注意的是，就像所有类比一样，它也会有缺陷。想象你此时正在吉他上弹奏和弦，也就是多个音符叠置成的和声。如果你弹奏的是一个明确的和弦，那么你就不可能同时弹出一个明确的音符，你可以试着把这个音乐类比的顺序颠倒过来。通过叠置和弦来弹奏一个明确音符，使得除了你想得到的那个音符，所有其他音符都被抵消掉。想想降噪耳机[1]的技术原理，或许更容易理解这一点。音符是和弦的叠加，正如同和弦是音符的叠加。你的吉他可以弹出一个和弦或一个音符，但无法产生既是和弦又是音符的声音。

量子的不确定性之所以会产生，是由于粒子不可能同时拥有确定的位置与确定的运动。正如和弦与音符的

1　降噪耳机使用的技术原理是：耳机上有一个采集声音尤其是低频噪音的麦克风，通过特殊的处理，发出一个和低频噪音相反的声波，来达到抵消低频噪音的效果。——译者注

类比一样。如果一个粒子正处于某一个特定的位置，它就是运动的叠加。反之则相反。如果粒子正以特定的速度运动，它就处于位置的叠加。粒子在空间中无法明确地物质化。从字面意思上讲，它既不存在于这里，也不存在于那里，而是两者皆有可能。所以我们说，位置与速度互补。

在我们的想象中，粒子应当同时拥有明确的位置和明确的运动规律。然而，后来我们发现，这种说法就像声称一个声音既是和弦也是音符一样愚蠢。没有任何声音可以同时是和弦与音符。同理，没有任何物体同时拥有明确的位置和明确的速度。上述两难困境引申出了对量子世界更广义的理解。在量子层面上，这里与那里，过去与现在，快与慢的叠加态合情合理且可持续进行。这个世界明确的现实本身也不过是场幻觉。我们所要做的就是仔细观察，曾经坚定的现实自然就会瓦解。

从更极端的角度来看，如果你不能确切地说一个粒子确实存在，那么这个粒子的存在或不存在就不再可以明确定义。更进一步来说，纯粹的真空中实际上存在一个基本物理极限，如果我们不能明确地说某物存在，那么我们也无法明确地说某物不存在。这种不确定性的直接后果便是，粒子出现和消失的波动变得无法抑制。

因此，即使是真空也并非完全空荡。真空会因为物质的量子波动而产生时空泡沫，就算在你所处的房间里，量子波动也时时刻刻在发生。但是，考虑到与量子海洋的微观尺度相比，我们本身又大又笨拙，因而我们根本无法觉察到这种精细的差异。

真空波动同样有自己的法则，而粒子在出现和消失时必须要遵守相应条件。试着用下面的颜色类比来理解，假设你面前摆放着一碗绿色颜料，此时，你使用某种炼金术从中提取出了两滴液滴：一滴蓝色，一滴黄色。两滴颜料液体融合在一起就能够重新生成原来的正绿色。在这个类比中，真空是特定的状态，就像某种特定色号的绿色。只有结合到一起能重现这种绿色的颜色组合才有可能从真空中波动出来。借助海森堡不确定性原理，蓝色和黄色能够从真空中浮现，但它们会在极短时间内重新组合，回归原本的绿色。一般而言，真空波动难以察觉。粒子对物质化与非物质化的速度过快，以至于我们根本无法察觉。

然而，如果这片真空正好位于黑洞事件视界附近，那么事件视界就会不可逆地剥离出其中一滴液滴，这就是黑洞能够从真空中带走实粒子，而你的房间却无法做到的关键原因。在我们先前的颜色类比中，绿色液滴中可以分裂出蓝色液滴与黄色液滴。可是如果蓝色液滴单独落入了事件视界，黄色液滴却没有，那么黑洞外失去了蓝色液滴同伴的黄色液滴就再也无法还原成绿色，它从此往后将自由自在地生活于宇宙中。黄色液滴似乎凭空出现，蓝色液滴却万劫不复地掉进了黑洞。

换作黑洞物理学的专业术语来讲。量子涨落创造出了一对光子，其中一个正好落入了事件视界内，而另一个则落在视界外部。掉进去的那个光子永远不可能逃逸出黑洞，与它的同伴重新结合。失去搭档后，视界外部的光子无法再次回归真空，因为它不再具备正确的性质。用我们之前的颜色类比来说，就是仅剩的黄色液滴与这碗绿色颜料匹配不上了。因为视界外的逃逸速度小于光速，所以落入视界外的光子便可以挣脱黑洞的束缚。黑洞将光永久地从真空中拉了出来，吸收其中一个光子，却允许另一个光子如脱缰野马般逃逸到宇宙的边缘。

逃逸的光线不携带任何关于黑洞的细节。从某种意义上讲，光的产生是真空的性质，与黑洞没有半毛钱关系，因而没有任何关于黑洞的特征或信息被编码在辐射中。从黑洞附近散发的无特征光线，以斯蒂芬·威廉·霍金[1]的名字命名为霍金辐射。霍金是一位盛气凌人但身体抱恙的英国物理学家，正是他提出了如此非凡、独特的想法。

因为宇宙中的能量严格守恒，霍金辐射带走的热量与能量是以牺牲了某些能源作为代价的。逃逸光的正能量与入射光的负能量相平衡。读至此处，你或许会担心宇宙中并不存在负能量。但请放心，能量本身也是相对的，一切都要取决于你选择的参照物。从黑洞内宇航员的视角观察，入射光具有正能量。可是对远离黑洞的观察者而言，入射光以减少黑洞质量的方式降低了黑洞的引力能。随着黑洞发射出霍金粒子，它们必然会失去质

1　斯蒂芬·威廉·霍金生前患有罕见的早发性缓慢进展的运动神经元疾病，病情会随着年月的增长逐渐恶化。他晚年已是全身瘫痪，无法发声，必须依赖语音装置才能与他人沟通。尽管如此，霍金在宇宙学领域仍然颇有建树，并在1979年至2009年担任剑桥大学的卢卡斯数学教授。此外，霍金还撰写了多本阐述自己的理论与一般宇宙论的科普著作，广受大众欢迎。他的著作《时间简史：从大爆炸到黑洞》曾经破纪录地荣登英国《星期日泰晤士报》的畅销书排行榜共计237周。——译者注

量。最终，黑洞必将蒸发殆尽。

任何物体都无法从黑洞中逃离，可黑洞却纵容自己释放霍金辐射，从而缓慢蒸发。此情此景荒诞地违反了我们的直觉，同时也是对黑洞自身的绝妙讽刺。使黑洞异常黑暗的特性，即事件视界，恰恰也与黑洞的本质相悖，它竟然允许黑洞以量子辐射的形式发光。

在量子力学的框架中，黑洞展现了真正意义上的物理困境。事件视界（纯粹的引力现象）的存在，确保了黑洞附近的真空能够产生霍金辐射，既不包含任何黑洞内部细节，也无法泄露黑洞历史的蛛丝马迹，进入黑洞的信息永远不可能出来。霍金证明，辐射热量会泄露到事件视界外的空间，信息却无法与之同行，最终黑洞会在霍金辐射中爆炸，什么都不会留下，包括事件视界。窗帘被拉了上去，可是帘子后面什么也没有，什么都没有。所有掉进去的物质都消失了。

黑洞几乎全部是黑暗的

霍金辐射在人类有生之年或许无望成为重要观测对

象。目前为止，我们发现的所有黑洞在天文学尺度上体积都很大。就像前文提到的，大型黑洞要比小型黑洞温顺得多。从本质上讲，引力源越致密，引力加速度就越大，相比于大型黑洞，小型黑洞更为致密，因此，较小黑洞的引力能更加集中，事件视界附近的引力加速度也就相应更强。更大的引力加速度反映了小型黑洞周围的强引力，以及随之而来的高能量子现象。构成霍金辐射的量子过程因此在微小的事件视界中更加明显。黑洞越大，霍金辐射就越微弱。黑洞越小，霍金辐射就越猛烈。

黑洞蒸发效应使得迷你黑洞更加温顺，却也更加危险。假设你在空间实验室里发明并成功建造出了一间迷你黑洞工厂。在极短时间内蒸发之前，微小的黑洞将不会有任何机会吞噬你自身抑或是你的太空飞船，但由于小型黑洞在生命尽头会猛烈地蒸发，你相当于是在空间实验室中燃放致命的烟花爆竹，并为你自己造成迫在眉睫的危险。比起鞭炮，说这些黑洞是微型炸药可能更为妥当。一旦爆炸，它便能够产生四分之一吨TNT的致命能量，甚至还会释放出有害的X射线与伽马射线。如果能够在高能粒子碰撞中创造出大量黑洞，你即便身处空间站也会感受到节日般的庆祝气氛。

相反，如果你想到了某种方法，让你的空间站也能够进行坍缩，那么由此产生的黑洞——体积比质子还要小——将以核弹的能量爆发。我不建议你轻易使用这种应急自毁程序。只有在最紧急的关头你才可以考虑使用它。

恒星级黑洞所释放的霍金辐射无法威胁到你的人身安全。对一个与太阳质量相当的黑洞来说，其辐射是如此不温不热，以至于我们根本观察不到。我们已经观测到的黑洞的霍金温度甚至比宇宙大爆炸的余温还要低。也就是说，这些黑洞吸收的热量要比它们向外界释放的多。然而，在遥远的未来，它们将变得比周围宇宙空间更热，并开始缓慢蒸发。黑洞蒸发殆尽所需要的时间远超过宇宙当前的年龄，你可以通过空间站（在自毁事件发生前）的视野欣赏这一奇观，如果你曾有幸目睹地球上极光的辉煌，可能会由此景产生些许思乡之情。随着事件视界逐渐从空间中消失，黑暗的死亡恒星将缓缓变亮。

第 十 章

信息

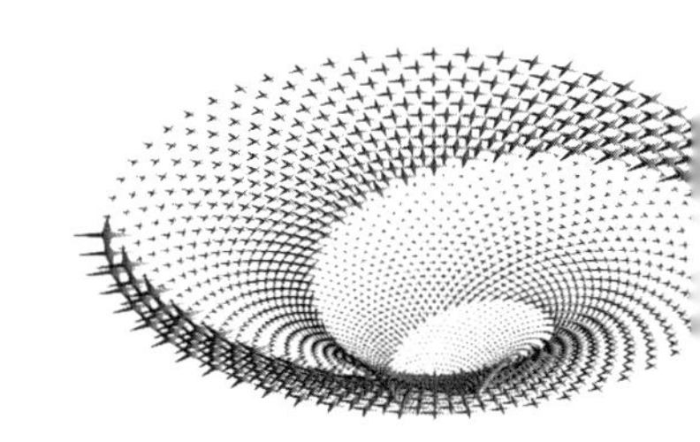

黑洞蒸发为我们带来了意料之外的探索机会以及独特的遭遇。根据万有引力定律，霍金辐射无法向我们透露关于黑洞内部的任何信息。你和爱丽丝可以站在空间站中静静欣赏黑洞的灯光表演，但仅能以观众的身份出席。从黑洞辐射出来的光线无法向你们讲述任何故事。同样，也没有什么有价值的信息可以从中提取。所以，你们不妨尝试卸下身上所有重担，专心享受难得不受打扰的闲暇时光。

抑或是，我们目前所理解的引力定律将会动摇，而霍金辐射将必然加密黑洞内部的秘密并将其携带至外界。不确定性不是放纵和忽视的借口。你和爱丽丝应当善于利用眼前的机会，认真观察黑洞辐射并搜寻一切可以提取的信息。

信息的基本概念对我们当前的讨论非常重要，它本质上是关于量子粒子及其构型的一切。量子化的信息比特，即量子比特[1]，可以被替换、交换和重新排列，但绝不能被销毁。量子力学大厦的架构师们坚持将信息守恒视作值得敬畏的哲学原理，他们因此构建了量子力学来确保信息的守恒。

信息守恒的最终结果是可逆性。如果信息总能得到妥善保管，而不会丢失，那么你就可以预测未来和重建过去。在实践中，重建过去是无法实现的，但在原则上，重建过去在物理学理论中是可行的。假如你的电脑不幸着火熔化了，你想必会对丢失的数据、珍藏的照片和未写完的书籍感到痛心不已。但实际上，你仍然可以乐观地期待奇迹的出现。在浓浓烈火的热浪中，在涅槃

1 量子比特在量子信息学中是量子信息的计量单位。传统计算机使用的是0和1，量子计算机虽然也使用0和1，但不同的是，0与1对它来说可以同时计算。在古典系统中，一个比特在同一时间只有0或1，只存在一种状态，但量子比特可以同时是0和1，两种状态同时存在，这种效果叫量子叠加。——译者注

重生的空气分子中，在你电脑硬盘的残骸中，所有信息仍然留存着。显然，信息经过了彻彻底底的重新排布，但在理论上，信息从未消失，甚至有希望被重新组合在一起，并还原成一首二进制编码的歌曲。

无论黑洞是由你我的信息、计算机，还是数据库组成的，事件视界从外部看起来都一模一样。信息隐藏在事件视界毫无特征的外表下，并会随着黑洞吞噬物质的质量增加而增加。然而，反之则相反。如果黑洞丢失了质量，内部的信息总量会跟着减少。可是，因为事件视界禁止信息流动，信息比特根本无法随着霍金辐射一起逃逸到外界。霍金辐射正在一点一滴地消耗着黑洞的生命，而所谓“坚不可摧”的量子信息，即关于组成黑洞物质的基本量子事实，却在坠入黑洞内部后就烟消云散了。宇宙的进程终结时，没有黑洞，也没有坠入其中的物质，只剩下在蒸发过程中辐射出来的诡异物质残渣。一旦黑洞蒸发，隐藏在事件视界背后的信息似乎就完全消失了。

上述情景引发了物理学的理论危机，即黑洞信息丢失悖论。一方面，黑洞奇迹般地抹除了内部信息。另一方面，信息是神圣的，绝对不会丢失。

当然，量子力学的架构师们也可能出错了，信息或许并非如他们认为的那般神圣。但是，如果信息不神圣的话，现实就会变得不可预测。无法从未来重建过去与无法从过去预测未来一样糟糕。然而，预测未来几乎是物理学的全部内容。或者，更简单地说，物理学建立在因果律以及自然的可知性上。如果信息无法完好保存，那么自然就不再可知。

好了，量子力学已经剥夺了我们日常认知中最简单直接的确定性。如果要预测台球的运动轨迹，我们就需要得知它的速度和位置。海森堡认为，我们可以准确地得到其中一个参数，同样也可以得到另一个，但二者永远无法兼得。上述困境似乎只是针对电子这样的量子而言，就像我们之前讨论中提及的，微观世界中的物体在常规意义上并非真实存在。受海森堡不确定性原理的启发，量子理论的先驱们将不确定性推及物理世界的每一个角落。20世纪的量子物理学家认为，相比类似台球的粒子模型，量子层面的波更能胜任描述物质的工作。于是，他们提出了一种叫作波函数的数学对象。波函数能够告诉你，你在空间中某位置发现量子粒子的概率，你发现量子以某种速度运动的概率，以及你发现量子处于任何特定状态的概率。和弦（粒子的位置）是音符（粒子的运动）的叠加，反之则不同，而波函数将这一概念进行了形式化。在更多实验与探索的推动下，波函数对于这个世界显得更加基础，也更加真实。波函数的演化具有确定性。波函数保留了信息，并能够通过过去的信息推测未来。同理，过去也可以由当下的信息重新构建。物理学家先前对于粒子的所有困惑——它们在世界上的路径必须是确定的，它们必须在现实中真实存在——不仅在数学上，也在心理上转移到了波函数模型上。

黑洞的存在摧毁了信息的神圣性，亦即探寻真理和决定论的一切希望。量子力学的不确定性仍然存在，只不过是在确定性的波函数中找到了容身之处。但令人绝望的是，宇宙最终会结束于混乱叠加的波函数，并永远丢失预测未来与重建过去所需的信息。

霍金带头发起了反对公平合理宇宙的起义。如果信息真的可以完全消失，而不仅仅是隐藏起来，量子力学就存在着致命的缺陷。虔诚的量子物理学家不可能在不抛弃整个量子范式的情况下放弃信息守恒，而量子力学恰恰是物理学历史上测量最精确的范式。量子思维在科学探索中带来的巨大成功实在太令人信服，以至于我们无法简单地接受如此悲剧性的溃败。量子理论的支持者将会竭尽全力证明信息是守恒的，而宇宙中的任何物理过程都无权破坏它，即便黑洞也无能为力。

相较之下，相对论的支持者对于心中的信仰保有同样程度的肯定。黑洞不可能让任何物体从事件视界溜走。永远不会。哪怕是信息也不可能享有任何特权。

如果强烈的好奇心吸引了你和爱丽丝，你们其中一个就应当考虑到黑洞中以身试险。如果你选择了继续探索而非苟且偷生，你便可以选择屈服于时空，大方地让黑洞吞噬你，同时以科学的名义记录你向黑洞中心的坠落过程。但你和爱丽丝必须明白，你们永远不会再见面了。

作为一名曾独自探索过黑洞内部的资深宇航员，你孤身一人便有能力解决这个悖论。虽说到那时爱丽丝已经摆脱了时间的束缚，但被潮汐力粉碎的毁灭性痛苦将迅速降临到你身上。你向任何人发送信息的举动都是徒劳的，但无论如何还是要发送出去。你的顿悟将永远消失在能够毁灭一切的奇点中，但请把你对黑洞的反抗行为传达给外界。

假如上述矛盾并不准确，信息的确会向外泄露，那么黑洞的故事就应当被改写。当你探索黑洞内部时，你无法发现奇点真实存在的证据。得益于量子引力，你可以揭示信息泄露的机制。无论你的命运如何，黑洞内的空间机制必然都会将你大卸八块，碾成粉末，并向外界发布你的信息。在解体之前的弥留之际，你必须尽快记录你的探索结果。关于你的实验数据，以及信息悖论解决方案的信息最终会在霍金辐射中逃逸。如果黑洞外的任何有情众生对此感到好奇，他们便可以操纵望远镜捕获光线并解码你的信息。这些陌生的空间旅行者可以通过泄露的信息重现你黑洞实验的最后关头，敬仰你对科学事业做出的历史性牺牲，并为子孙后代讲述你工作的高光时刻。他们的科学家会继承你黑洞研究的遗志，并向他人分享你在黑洞中的生死经历。你一定会被历史铭记的。

20世纪70年代中期，在尚未与你联系的情况下，一场旷日持久的论战在广义相对论的捍卫者与量子力学的复仇者之间爆发了。其中存在着清晰的敌我阵线、意识形态冲突和赌局，就像接下来长达40年的辩论所证明的，引力与量子力学间的冲突从未停歇。然而，长时间的论战只会让黑洞信息悖论更加令人兴奋，更加具有革命性。该悖论的最终解决方案或许并非更加精细的理论细节，而是大幅度的修正和朝着终极万有理论方向的急转弯。

在过去的几十年中，量子理论的支持者在这场唇枪舌剑和智力交锋中稍占上风，但胜利的成果来之不易。当各路物理学家短兵相接时，伟大的思想正在生根发芽，茁壮成长。事件并非真实，虫洞比比皆是，世界是一幅全息图。

第 十 一 章

全息

黑 洞 旅 行 指 南

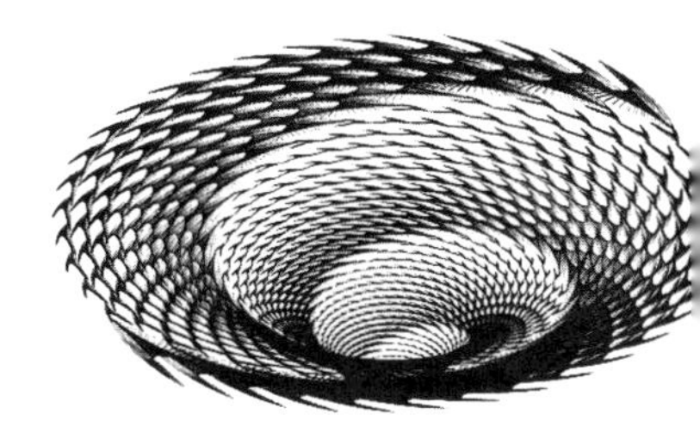

正如早期量子力学及其互补原理所展现的，我们目前正面临着两个矛盾的选择。矛盾双方都被我们奉为至宝：一方面是爱因斯坦一生中最愉快的思索，屈服于引力不会带来任何受力感，而是纯粹的失重体验。从外部空间到大型黑洞视界阴影的过渡是一场惬意、无感的坠落旅程，与落入月球的阴影没什么两样。另一方面，波函数在我们心中占据着独一无二的地位。波函数代表着可知物质世界的所有关键特征、可预测性，以及决定论——一切的一切，都要依赖于神圣的信息。问题在于，我们既无法抛弃引力理论，也舍不得放弃量子力学。因此，我们有理由怀疑宇宙正在戏弄我们，明知不可能，却怂恿我们将两者同时欣然接受。

你落入黑洞内部的经历可以由后人重新还原。海量的信息，也就是你的量子态，定义了你自身的存在。事件视界丝毫不会阻挡你坠落的进程，你无可挽回地越过了时空界限。你相信，一旦你和你的信息掉进了黑洞，就永远无法再逃离出来。你将痛苦地死于黑洞中心附近的空间。在你的意识消失后不久，奇点会将你的量子比特也摧毁殆尽。

假设爱丽丝（或其后代）从黑洞外的空间站中观察到了矛盾的情景。她一丝不苟地收集霍金辐射，并对信息进行解码，从而得出结论：黑洞发射出了你的量子比特。如果她认为你从未落入黑洞，那么此情此景将不会对她造成任何困扰。对爱丽丝而言，事件视界不仅拖慢了你的时间流速，还在空间中把你抹平了。事件视界如同一个放大镜，夸大显现了你的量子成分，并将你悬浮于视界边缘，直到信息比特随着霍金辐射一起向外逃逸。

在上面的复述中，我们面临的挑战是如何权衡两种难以调和的论调。“落入黑洞的信息永远无法逃逸”与

“信息的确能够逃逸”，哪一个才是正确的？解决如此棘手的问题或许需要更加大胆的想法：两者都对。这便是我们的推测——同时发生。就好像你，或者至少是你的信息，拥有了一个替身。你和你的量子比特掉进了黑洞，而与此同时，你们的替身也逃脱了黑洞的束缚。你和爱丽丝无法在你生死存亡的基本问题上达成一致，而你的双重存在更是加剧了你们二人之间的分歧。然而，上述假设的创造者却安慰说，没有人会知道，没有人能够同时观察到两个相互矛盾的事件。你和爱丽丝再也不能相聚，诉说你们的悲伤故事了。爱丽丝将独自在黑洞外找寻你的量子比特，就像收集遗体火化后的骨灰，即便她跟随你跃入黑洞，独自在黑洞内部迎接死亡，她也无法观察到你的第二个存在，因为你的替身早就被奇点从空间中抹除了。

如果双重现实可以得到证实，我们便相当于证明了上帝并不存在，不可能有超级观察者，更不可能有无所不知的存在。但我们不要太得意忘形，暂且把它放在一边。我们在无法生长简单现实主义的土壤上，深深地埋下了一颗理论的种子，等待它在未来破土而出。为了解决黑洞信息悖论，我们放弃了许多根深蒂固的传统观念，但回报或许同样可观。我们破坏了现实的概念，却抚平了折磨人心的宇宙图景所带来的痛苦。

全息原理

对我们这些生活在黑洞之外的人来说，我们对这个世界的观察，包括对黑洞及其释放的辐射的观察，都与视界边缘量子薄膜上积累的信息完全一致。我们曾假设信息存在于黑洞内部，但实际上，黑洞将信息编码在了自身的边界上。

或许你会认为球体要比其边界能够囊括更多的信息。事实上，这个想法是错误的。球体体积无法容纳那么多的信息，我们从数学计算中可以得知，黑洞的信息量随着视界表面积的增加而增加，与视界内的体积无关。你永远不可能往黑洞里塞进比黑洞边界（也就是事件视界）所能存储的更多信息。

上述推理的必然结论便是，黑洞是幅全息图，也就是使用二维编码来投射出的三维影像。请尝试说服你自

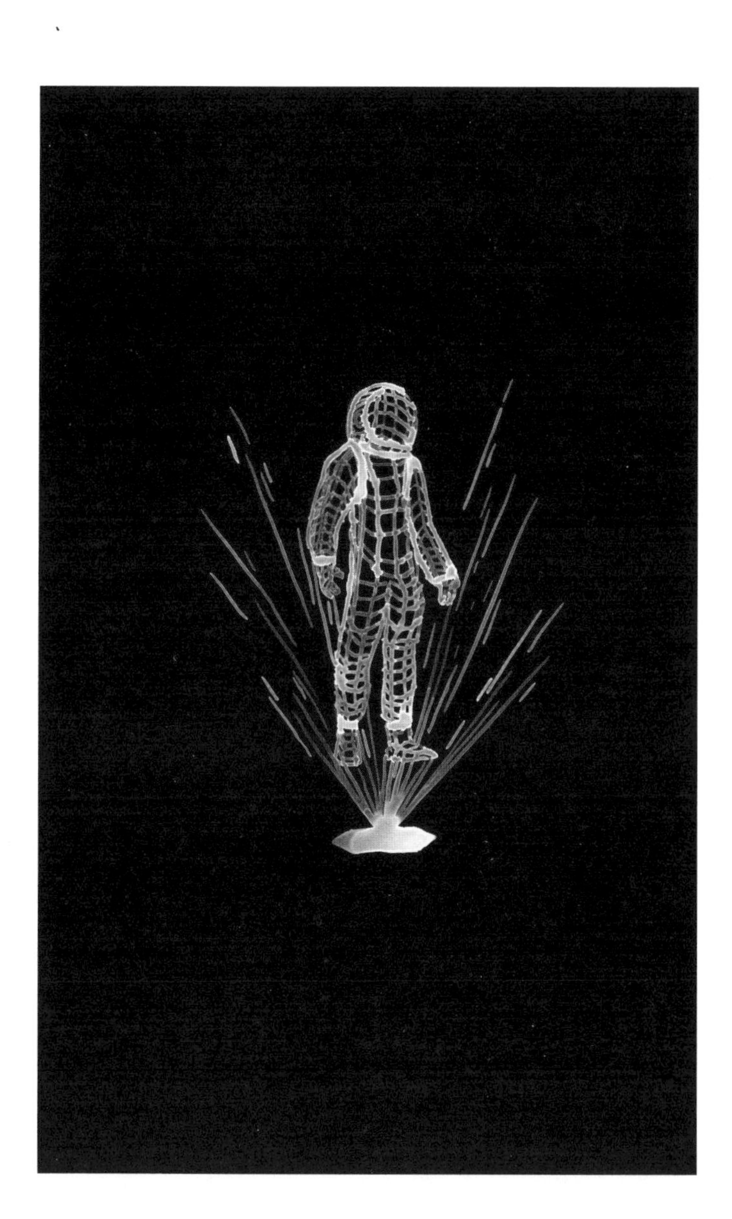

己，黑洞将所有信息都编码于边界之上。黑洞内的三维空间只不过是一种浮华、一种虚拟投影、一种派对上的假把戏。

宇宙中任何一处空间都不如其边界所能包含的信息多。如果你真的敢于尝试，你或许有机会制造出一个黑洞。我们已经知道了黑洞能容纳的最大信息量：事件视界所能编码的信息。不仅仅黑洞是幅全息图，整个世界也是一幅全息图。

全息原理的出现似乎顺理成章，意义深远，却又违反了我们的直觉，令人不安。尽管数学上已经接近精确证明，但全息原理仍然仅仅是一项猜想。

我们发现两个截然相反的世界间存在着对等关系。想象一个拥有引力，因而也拥有黑洞的世界。生活于该宇宙中的居民正为黑洞信息悖论深感困惑。这样的世界相当于一个盒子的内部，盒子的边界则存在另一个完全不同的世界。后者是个没有引力，纯粹由量子物质构成的微观世界，因此不存在黑洞，也就没有信息的丢失。

现在我们明白了，盒子里的世界与盒子边缘的世界实则对应着完全相同的现实。巧妙的数学词典将盒子里有引力的世界忠实地翻译成了边界上没有引力的世界。（这在专业术语中叫作反德西特时空/共形场论之间的对偶性。）盒子内世界包含的所有信息都被一五一十地编码在盒子边界的世界中。同一个现实，同一个世界，却可以用两种方式来描述。

两种不同现实之间的二象性（一个世界，两种描述）——两个世界占据的时空维度数量甚至都不同——给出了全息原理的第一个数学上令人信服的表述。盒子内所有的事件都只不过是边界世界的全息投影罢了。

你坚信自己是一个生活在三维空间的宇航员，并受引力的影响落入了黑洞。但还有一个同样有效、同样正确的解释。你或许只是一幅栩栩如生的全息图，一个二维现实的投影，一个想象力丰富、夸夸其谈的故事讲述者。

边界世界中的物质只受量子理论的支配，而因其构建的基本原则，信息得以保留。边界内的世界只是反方向的翻译结果，所以也必须保证信息的守恒。因此，如果信息无法在同一宇宙的一种现实中丢失，那么也就不可能在另一种现实中丢失。如此看来，量子力学似乎在

这场世纪之争中占了上风。信息必须守恒，而引力理论的坚固堡垒已被攻破，尽管如此，信息从黑洞外流的具体机制仍然是个谜。

我们不应该低估人们对双重现实的热衷。前文的结论惊世骇俗，颇具煽动性，且影响深远，即便霍金自己也无法否认，该论点极具说服力。尽管有人指责他“投降”太早，但霍金还是承认了失败，暂时地偃甲息兵。现在回想起来，双方的“敌意”仅仅是表面上得到了缓和而已。

信息守恒定律无法动摇，全息原理和二象性的论述势不可挡，剩下的就是些收尾工作了。然而，当核心矛盾再次被挑起时，参战双方设立的和平条约便开始瓦解了。

第 十 二 章

火墙

黑 洞 旅 行 指 南

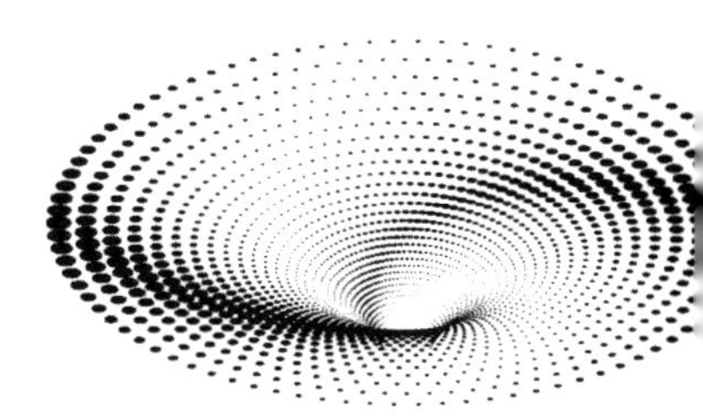

黑洞信息丢失的难题仍未得到解决。来之不易的和平在熊熊燃烧的火墙面前显得脆弱不堪。事已至此，即便是复仇战争的拥趸，在火上浇油时也要稍显遗憾之情。

纠缠

要理解关于火墙的争论还需要些额外知识：量子纠缠。量子纠缠是个不可思议的物理机制，让我们先从最符合直觉、最稀松平常的事物开始讲起，然后看看当我们把主角替换为量子物质后，故事又要如何展开。

假设你和爱丽丝一同掰断了一根许愿骨[1]，这场运气比拼会有两种可能的结果：你得到了大块鸡骨，爱丽丝得到小块鸡骨，或者你拿小块，而爱丽丝拿大块。首先说好，你们两个掰断鸡骨后暂时不看自己拿的是大是小，你们二人要各自把鸡骨碎片妥善保管在自己的口袋里。随后，你来到了仙女座大星系，从兜里掏出了你的那块碎骨，你发现你手里的是小块骨头。你立马就反应过来了，大的那块一定是被爱丽丝拿走了。整个过程没有什么好奇怪的，简直再寻常不过了。当你离开餐桌时，当你乘飞船前往仙女座大星系时，关于鸡骨的信息就一直存在你的口袋中。按照约定，刚刚抵达地球的爱丽丝也开始翻看她携带的骨头。是大块的，她赢了。同样，爱丽丝也立刻就知道了你手中鸡骨的大小。她的知识和实验结果来源于对她手中骨头的观察。你的知识和实验结果也来源于对你手中骨头的观察。你们二人的实验相互独立，而你们的观察结果早在餐桌上就已经确定了。

1　许愿骨是火鸡胸部的一种两叉型骨头。欧美世界流传着一个古老的风俗，当吃到这根鸡骨头时，两个人要进行比赛，分别握着分叉的两端用力拉断。大块的鸡骨头在谁手上，谁就会有好运气，可以许下一个秘密愿望。——译者注

许愿骨实验的量子类比或许听起来要更古怪一点。假设你与爱丽丝各自成功捕获了一个从真空中波动而出的量子粒子，正如同霍金辐射描述的那样，而不是一根许愿骨。粒子总是成双成对地出现，我们称之为霍金粒子对。就像断裂的鸡骨必须分成两部分，然后重新组合在一起，形成最初的许愿骨一样，粒子对也需要互补，才能还原它们起源的原始整体。在该情景下，是真空分裂成了这对粒子，然后再切换回我们前面讨论过的颜色示例，真空就如同一碗绿色的颜料，并且能够通过某种炼金术原理分离出黄色液滴。此时，一定也会存在蓝色液滴，当与黄色液滴结合时，能够重现最开始的绿色颜料。如果重新组合，为了精确地返回真空的正绿色，只有两种可能的配对方式：要么你抓住的是黄色液滴，而爱丽丝得到蓝色液滴；要么你拿到的是蓝色液滴，而爱丽丝得到黄色液滴。

下面要讲的就是量子类比与许愿骨竞赛的关键区别，就像声音可以是和弦的叠加，你手中的粒子也可以是颜色的叠加。但是你的粒子与爱丽丝的粒子，必须要在合并后能够回到它们原来的绿色。你们的粒子不能仅仅是叠加态，还必须是颜色的纠缠叠加态：如果你拿的是蓝色液滴，那么爱丽丝就必须拿黄色液滴；或者你拿黄色液滴，而爱丽丝拿蓝色液滴。如果你足够小心地分开这一对液滴，它们将继续处于这种纠缠叠加态中。即便你们每个人都把一个液滴放在各自的口袋里，然后你独自前往仙女座大星系，纠缠叠加态仍然存在。真空中分离出液滴的时刻，有关获胜选手的信息尚未确定。（假设你有蓝色，你就赢了。）你口袋里的粒子究竟是蓝色还是黄色，仍然尚待确定。它是蓝色（爱丽丝的粒子是黄色）和黄色（那么爱丽丝的粒子就是蓝色）的纠缠叠加态。

到达仙女座大星系后，你掏出了口袋里的粒子仔细观察，从而破坏了原有的叠加状态。当你观察你的粒子时，实验仪器以及你自身体内的海量量子扰乱了粒子的叠加态。你迫使粒子物质化为特定的状态，要么是蓝色，要么是黄色。结果是蓝色，你赢了。你也以比光速更快的速度接收到了信息。瞬间，你就知晓了爱丽丝拥有黄色的粒子。与此同时，你对纠缠叠加态的破坏就迫使数百万光年之外的爱丽丝的粒子呈现黄色。整个过程的用时甚至比光线从仙女座大星系传播到地球的时间还要短。

然而，爱丽丝并不能立刻意识到是你迫使她的粒子变成黄色的。她可以通过观察发现她手中的粒子是黄色的，但这是因为她总有50%的概率得到黄色液滴，所以她输掉比赛的结局对于你所做的事情不具有任何说明性。爱丽丝马上就会明白你一定拥有蓝色，但无法获悉你是否已经提前完成了对粒子的测量。根据她所有的认知，是她自己迫使这对粒子采用了黄蓝组合而不是蓝黄组合。爱丽丝无法知道你知道些什么，如果你想让爱丽丝知道你提前观察了粒子并以蓝色液滴取得胜利，你就必须用传统的沟通方式，例如通过星际邮件给她发一封慰问信。如果她暂时还没有看过自己的粒子的话，她就可以去观察她拥有的液滴并核实你的说法。液滴确实是黄色的。

爱因斯坦与鲍里斯·波多尔斯基和纳森·罗森[1]共同

---

1 1935年，爱因斯坦、波多尔斯基和罗森共同发表了题为《量子力学对于物理事实的描述是完备的吗？》的论文，并提出了一个思想实验，称为“EPR思想实验”。EPR是这三位物理学家姓氏的首字母缩写，该实验是为了说明量子力学的不完备性。——译者注

意识到了这一问题，他们将这个结果称作“spukbafte Fernwirkung”。这两个德语词翻译成中文的意思是“鬼魅般的超距作用”。（有时人们也用“幽灵般的”来代替“鬼魅般的”。）爱因斯坦经常使用这个例子作为他所宣称的量子力学存在缺陷的证明。爱因斯坦等人认为，量子力学主要有如下两大罪状：其一，量子力学既不尊重相对论，也不尊重光的速度极限，反而默许幽灵般的超距作用发生。其二，量子力学违背了定域实在论。实验中的量子观测对象没有确切值，所以并非真实存在，至少不是传统意义上的真实，直至你对其进行了测量。

爱因斯坦公开嘲笑离经叛道的量子理论：你可以让粒子纠缠，然后巧妙地将它们分离，以维持这种纠缠态。之后，你就能够以比光速更快的速度传递粒子对的量子态信息。这简直荒谬至极。但所有的观察和实验同样可以证实，量子纠缠也是正确的。施加在蒸发黑洞上的严格纠缠规则，为向量子引力自洽描述的攀登提供了下一个推动力。

火墙

真空是宇宙中可能存在的最空的状态，但正如我们已经谈论过的，即便是真空也充斥着无法用常规手段探测到的虚粒子。由不确定性产生的一对虚粒子必须保持真空状态。用颜色来比喻，为了维持真空的绿色状态，如果其中一个虚粒子是蓝色的，那么另一个就一定是黄色的。因此，霍金粒子对必须时刻处于纠缠态。射向黑洞外部的光子自诞生起，就注定要与落入黑洞的光子纠缠在一起，又因为事件视界是条无法逾越的分割线，虚粒子对就会这样一直相知相伴，直到永远。

量子纠缠必须严格遵守一夫一妻制，霍金粒子对中的每位成员都要尽可能地与其伴侣相互纠缠。就像前文颜色类比所要求的，虚粒子量子态中的每个细节都要与配偶的对应细节严丝合缝地绑定，以满足重返真空的条件。霍金光子的所有信息都要与其配偶的信息捆绑在一起，所以，粒子对中没有任何剩余的信息可以允许第三者插足。假如露西是逃逸的霍金光子，而山姆是落入黑洞的对应光子，那么露西就会忠贞不渝地与山姆永远纠缠下去。如果露西和山姆能够最大限度地纠缠，那么他们就符合了一夫一妻制的要求。

很好，问题来了。假设相对论在论战中败下阵来，而量子力学在胜利之路上高歌猛进。假设霍金辐射的确能够通过某种方式在黑洞蒸发过程中将所有信息携带至视界外部。如果你年复一年地收集了黑洞的霍金辐射，你便有能力重述落入黑洞物体的故事。为了如实地向你讲述故事，霍金辐射中必须包含信息，且该信息必须与先前从黑洞泄露的信息紧密相关。霍金辐射获取先前泄露的信息的方式是量子纠缠。也就是说，后来逃逸的霍金辐射必然与之前逃逸的辐射纠缠在一起。但我们早就强调过，霍金粒子对相互纠缠，所以无法同时与其他任何物体产生瓜葛，否则，量子纠缠就会变成一夫多妻制或一妻多夫制。如果露西是从黑洞逃逸的霍金光子，她就会忠实地和山姆紧密纠缠，山姆是她的霍金配偶，他坠入了黑洞，万劫不复。如此一来，露西便无法同时与早在几万亿年前就逃跑的帕姆纠缠在一起。重申一遍，一旦露西与帕姆纠缠，就是一妻多夫制。

显而易见，保存信息所必需的霍金辐射中的纠缠与维持事件视界附近真空状态所必需的纠缠存在矛盾，你不可能两者兼得。

我们只需要换种煽动性的方式来表述危机，这两种纠缠态之间的矛盾就会立刻变得尖锐起来。你之所以坚持信息守恒，就是为了让晚期与早期的辐射共同为你讲述信息故事的开端、发展和结局。但请思考一下，我们不惜一切代价维持的早晚期辐射之间的一夫一妻制纠缠究竟意味着什么。由于一夫多妻制被明确禁止，我们不得不放弃霍金粒子对在向外辐射时仍然保持纠缠态的想法。用颜色类比来解释就是：从原始液滴中分离出来的黄色液滴与伴侣液滴之间不存在纠缠关系，所以伴侣液滴也就没有必要是蓝色。如此一来，这对粒子对起源的初始条件就不可能是真空了，即颜料碗里盛装的不再是原来的绿色了。一旦液滴对的颜色彼此之间不再相关，原本的绿色颜料碗就会沾染上杂乱的彩色斑点。如果我们放弃先前的观点，即霍金粒子对处于纠缠态，也就是说，如果霍金粒子对并非相互纠缠的话，那么它们一定不是来自真空，而是来自杂乱无序的混沌。虚空的替代品便是充实。如果事件视界并非虚空，便有可能在四周建立起一堵炽热的物质墙，也许黑洞周围并不是什么都没有，而是一道白炽的事件视界，一堵炙热的火焰之墙。

如果确实存在这样一堵火墙，那便没人能够混进黑洞内部，因为黑洞的内部世界根本就不存在。黑洞将终结于事件视界周围的火墙，任何企图翻墙入洞的侵入者都将毫无疑问地引火烧身，玉石俱焚。

黑洞即虚空。我用了将近半本书来说服你，我曾向你发誓，根据相对论，当你跌向事件视界时，不会经历任何戏剧性的事件，正如等效原理这一术语所定义的那样。如果你坐在静止的宇宙飞船中穿越了事件视界，你的体验将与乘坐电梯下降别无二致。你会感到失重，而你在事件视界上做的任何实验都与你在真空中自由下落时所做的实验完全相同。当你穿过事件视界时，不会觉察到任何异样。

假如事件视界上的确有戏剧上演，而你被活活烧死在火墙中，那么相对论和深受爱戴的等效原理便在黑洞上失去了威力。与此同时，量子力学在视界附近似乎也不再可靠。更恐怖的是，谁知道引力与量子理论在其他天体、其他问题上是否可信呢？物理学界正面临着一个不容忽视的真正困境。

事实上，人们一点也不喜欢这堵火墙，理论物理学家们正使尽浑身解数，尝试将火墙驱逐出真实世界。黑洞火墙很有可能压根就不存在，然而，有关火墙的思想实验的的确确帮助人类发现了一个亟待解决的难题。火墙存在挑战了现有的物理学理论，其主要意义在于揭示了黑洞难题的关键细节，而这些细节可能促使我们对现实的量子本质的理解取得重大突破。黑洞为我们提供了探寻真相的线索，如果我们遵循这些线索，便有望摸索出不同凡响的全新领域。行文至此，想必你我都已在黑洞事件视界边缘陷入了沉思。

曾有人提出过一个绝妙的想法，不仅能够在没有火墙的情况下恢复一夫一妻制，还可以满足解决黑洞信息悖论的所有要求，因而值得在此大书特书：宇宙中或许存在虫洞结构，连接了我们称为“山姆”的落入黑洞的霍金辐射，以及我们称为“帕姆”的已经逃逸的霍金辐射，而山姆与帕姆实际上是同一实体。因此，露西就可以顺理成章地同时与山姆和帕姆纠缠在一起，并保持真正的一夫一妻制。在虫洞的帮助下，露西实际上只与同时存在于虫洞两边的唯一伴侣纠缠。这样一来，即便不借助火墙，信息也可以从黑洞中逃逸了。

更进一步，黑洞甚至可能只是一个空壳，没有独属的内部空间。黑洞的内部世界只存在于连接虫洞与外部纠缠的量子位之间的隧道中。当你落入黑洞时，虫洞的存在会确保你同时也存在于黑洞之外。你的信息落入了黑洞，但同时也成功逃逸了。死亡是你无法避免的，但你的信息可以在黑洞之外继续存活。你的身体、思想和记忆构成了你独一无二的存在，而随着你自身量子位的延续，重建你的物理可能性也会存活下来。销毁你的信息只是个幌子，你的死亡其实是可逆的。

从上述假设中我们得到了一个有趣的推断，即视界本身便是维持纠缠状态的虫洞的产物。一张交织于黑洞内部和外部之间的虫洞网络可以创造出事件视界，似乎边界只是从错综复杂的一团乱麻中浮现一样，就好比精美的刺绣，其工整娟秀的图案在经过索垢寻疵后终究会露出刺眼的线脚。宇宙中或许并不存在孤立的事件视界，因此也就没有遗世独立的黑洞，仿佛黑洞本身是一种错觉，在仔细审查之下便会一触即溃。

第 十 三 章

终结

黑洞既是我们的历史，也是我们的未来。黑洞会首先脱胎于婴儿宇宙的原始物质汤，也会陪伴着垂垂老矣的宇宙一同走向生命的尽头。黑洞作为我们已知最重的一类基本粒子，可能在宇宙大爆炸后最早也最短暂的时刻就被创造出来了。原始黑洞生活在炽热得无法辨别出物质实体的等离子体浓汤中，随后便剧烈爆炸，在早期宇宙中消失殆尽。迅速膨胀的早期宇宙很快就冷却了下来，因而无法重新获得制造黑洞所需的巨大能量。

随后，更加大型的黑洞便出现了，即便是截至目前，宇宙的年龄也不过短短几分钟而已。随着原始物质汤的波动和一系列关键步骤的转变，生长中的胚胎世界正逐渐获得我们目前观察到的宇宙的某些特征。数百万年后，超大质量黑洞将直接从冷却的致密物质残渣中坍缩形成，而完完全全跳过恒星爆炸的阶段。大型黑洞的质量要更大一些，但这些质量也相应地集中于更大的视界中，并在争夺物质时力压众敌。从某种意义上讲，更大的黑洞更容易产生。大型黑洞能够从早期宇宙中密度远小于死亡恒星的物质云中坍缩而成，也就是说，一个超大质量黑洞可以在不比空气密度大多少的物质云中出现。一旦这些巨型黑洞诞生，星系及星系团就会在超大质量黑洞周围聚集，裹挟着一代又一代的恒星在此度过一生，并在星系中孕育出数十亿个恒星级黑洞。

超大质量黑洞缔造了我们已观测到的最大的宇宙结构。位于中心的超大质量黑洞塑造了其所在的星系，控制着星系风和恒星喷流，并以此决定了恒星岛屿的大小和形态。它们是恢宏壮丽的宇宙历史长河中的关键推动力，在无限多元宇宙之一的室女座超星系团的银河系中创造出了我们所处的这颗宜居行星——地球。

超大质量黑洞人马座A*是坐镇银河系的宇宙巨石。太阳系以及整个螺旋星系都围绕着人马座A*运行。我们人类与如影随形的月球一同搭乘着地球的顺风车，绕着1.5亿千米外的太阳公转，以每秒近30千米的速度在一年的时间内完成了近9.4亿千米的周期运动。而整个太阳系结构又围绕着250亿亿千米外的人马座A*旋转，以每秒230千米的速度耗费约2.3亿年完成一次轨道运转。也就是说，在银河纪年中，太阳不过才区区20岁。

太阳曾经一度被尊为星系的中心，即整个宇宙的中心。然而，太阳随后便被“废黜”了。人马座A*上位成为银河系的终极主角，由银河系中几乎所有恒星系统、球状星团（由不规则运动的恒星组成的怪异致密的恒星集团）以及一个恰如其名的、不可见的暗物质晕紧密环绕。

太阳系的运动是能够勾起无限幻想的宇宙奇观。太阳、等离子风、行星、各式各样的卫星、条纹状光环、木星大红斑、林林总总的人造卫星（仿佛是投掷于寂静空间中的一枚枚闪着寒光的硬币）、冥王星（数百颗矮行星中的冠军），以及碎裂成无数小行星、行星际冰、岩石、尘埃云、磁力线的行星……所有这些天体都以每秒钟超过200千米的令人生畏的速度一起移动——不过瞬息之间，围绕着我们风车状星系中心约400万太阳质量的虚空共同旋转。太阳系的所有元素不仅在自转，也在轨道上围绕着焦点公转，正如原始的天象仪所描述的那样。在独具匠心的机械设计下，整个太阳系就如同一个晦涩难解、雄心勃勃的时钟，环环相扣，而我们却在其中一个粗糙的齿轮上蹒跚而行，浑然不觉。

我们将缓缓坠向太阳，而太阳也将连同银河系中其他天体缓缓坠向中央的超大质量黑洞，但完整坠落需要相当长的一段时间，以至于我们将首先与邻近的仙女座大星系相撞，并有可能会被直接甩出银河系。在一段时间内，仙女座星系不断接近我们，在我们的视野中显得宏大而苍白，大有要划破银河系之势。在撞击中，我们可能会被输送到仙女座大星系的众星中，也有可能直接被扔到它中央比人马座A*重1000倍的超大质量黑洞附近。由于恒星过于疏散而无法碰撞，两个星系会以极少的恒星撞击为代价径直穿过彼此，将星际气体卷积在一起，发出灼热和刺眼的光芒，而暗物质则能够毫发无损地通过，整个太阳系也仍将安然无恙地继续同步运行，免受数十亿年间多次碰撞的干扰。两个中心黑洞将完全合并，一个崭新的星系将从残骸中诞生。

当我们凝视银河系中心超大质量黑洞的影子时，我们实际上也正凝视自己的未来。超大质量黑洞或许就是我们的数据，是我们零碎的量子信息最终的归宿。趁着你我不知不觉地坠向银河系中时，多多注视人马座的方向吧。无论是曾生活于地球还是将要在地球上生活的人类，最终都会被垂死的太阳蒸发成基本粒子，并落入合并星系中心的超大质量黑洞中。落入黑洞的基本粒子在某种意义上达成了永恒，一如任何其他恒星系统、银河系碎片以及完整暗物质晕。一切的一切都将被卷入中央旋涡，进而迸发出壮丽的光芒，以及宇宙中最后一抹密集光束穷途末路的喷流，直至一切都消匿于黑暗寂静的时空风暴之中。

总有一天（尽管用天数来衡量史诗般的未来显得很迂腐），当宇宙接近生命进程的尽头时，空间中就只剩下黑洞了，而这些末代黑洞最终也会蒸发，并有望释放出其中囤积的信息，如果是这样的话，那么我们目前关于黑洞的争议就必须有人留下来见证才能够解决了。我们的量子比特可能同时存在于黑洞内部和外部，通过虫洞连接，我们就能同时在两个地方互相成为彼此的克隆体。当我们的信息最终从即将消失的事件视界中释放出来时，将会是一片复杂繁乱、难以辨认之象。

最终能够留下的只有信息。我们的起源，我们的进化，我们求知的雄心，我们在地球的存在，都将以一种不可读的形式传播。信息不再记录时间，我们的历史从实质上被抹除了。

黑洞，也终将不复存在。

著作权合同登记号：图字18-2022-039

图书在版编目（CIP）数据

黑洞旅行指南 /（美）珍娜 · 莱文（Janna Levin）著；刘明轩译 . -- 长沙：湖南文艺出版社，2022.6
书名原文：Black Hole Survival Guide
ISBN 978-7-5726-0680-9

Ⅰ. ①黑… Ⅱ. ①珍… ②刘… Ⅲ. ①黑洞—普及读物 Ⅳ. ①P145.8-49

中国版本图书馆 CIP 数据核字（2022）第 069262 号

上架建议：畅销 | 科普

HEIDONG LüXING ZHINAN
黑洞旅行指南

著　　者：［美］珍娜 · 莱文（Janna Levin）
译　　者：刘明轩
出 版 人：曾赛丰
责任编辑：吕苗莉
监　　制：秦　青
策划编辑：曹　煜
文案编辑：巩树蓉　王　争
营销编辑：王思懿
版权支持：王媛媛　姚珊珊
封面设计：索　迪
出　　版：湖南文艺出版社
（长沙市雨花区东二环一段 508 号　邮编：410014）
网　　址：www.hnwy.net
印　　刷：北京中科印刷有限公司
经　　销：新华书店
开　　本：875mm × 1230mm　1/32
字　　数：84 千字
印　　张：6
版　　次：2022 年 6 月第 1 版
印　　次：2022 年 6 月第 1 次印刷
书　　号：ISBN 978-7-5726-0680-9
定　　价：48.00 元

若有质量问题，请致电质量监督电话：010-59096394
团购电话：010-59320018